Stable Isotope Chinese Fir Plantation Hydrology

稳定同位素杉木人工林水文

徐 庆 张 瑛 高德强 著

主持单位：中国林业科学研究院森林生态环境与自然保护研究所

图书在版编目（CIP）数据

稳定同位素杉木人工林水文 / 徐庆，张瑛，高德强著. -- 北京 : 中国林业出版社，2024.3
ISBN 978-7-5219-2522-7

Ⅰ. ①稳… Ⅱ. ①徐… ②张… ③高… Ⅲ. ①杉木—人工林—森林水文学—研究—中国 Ⅳ. ①S791.27

中国国家版本馆CIP数据核字(2024)第004340号

策划编辑：甄美子
责任编辑：甄美子

出版发行：中国林业出版社
（100009，北京市西城区刘海胡同 7 号，电话 83143616）
电子邮箱：cfphzbs@163.com
网址：www.forestry.gov.cn/lycb.html
印刷：北京中科印刷有限公司
版次：2024 年 3 月第 1 版
印次：2024 年 3 月第 1 次
开本：787mm×1092mm 1/16
印张：7
字数：220 千字
定价：60.00 元

序

人工林是全球森林资源的重要组成部分，在涵养水源、木材生产、环境改善、提升碳汇和减缓气候变化等方面扮演着越来越重要的角色。杉木是我国南方植被恢复重建的用材树种，在我国林木资源总量中占据十分重要的地位，其人工林保存面积及蓄积量均位居我国人工林树种之首。然而，受纯林种植、多代连栽等管理模式影响，我国南方大面积的杉木人工林出现林分结构单一、地力衰退、生产力低下、涵养水源能力差等一系列生态环境问题。深入了解不同类型杉木人工林的水文特征，对优化我国杉木人工林管理措施、达到提质增效和可持续发展的目标具有重要意义。稳定同位素技术具有较高的灵敏度与准确性，为杉木人工林水文过程定量研究提供了新的技术手段，解决了许多利用传统技术难以解决的问题。

本书《稳定同位素杉木人工林水文》，以我国中亚热带地区不同类型杉木人工林（杉木纯林、杉木－樟树混交林、杉木－桤木混交林）为研究对象，创新和发展了基于稳定同位素的杉木人工林水文过程定量研究模式，为我国杉木人工林结构优化、生产力提升以及人工林可持续经营奠定了坚实基础。

作者徐庆研究员及其稳定同位素生态学科团队，近二十年来一直从事稳定同位素生态水文研究，她建立了我国稳定同位素生态水文学研究的理论与技术框架，并付诸实践取得了系列成果。本书是继《稳定同位素森林水文》《稳定同位素湿地水文》《稳定同位素马尾松人工林水文》出版之后的又一部基于稳定同位素的陆地生态系统水文过程研究的成果。

该书研究内容丰富，研究方法先进，学术水平达国内领先，丰富了我国人工林生态系统水文过程稳定同位素定量研究。该书的出版，将积极推动稳定同位素技术在我国人工林生态水文学研究中的应用和发展。该书为今后我国亚热带地区人工林可持续经营、水资源科学管理和退化人工林植被恢复等提供强有力的理论支撑，还可作为我国生态学、林学、森林水文学、森林经营学、土壤学、地质地理学和稳定同位素生态学的参考书。

我衷心地祝贺作者，为这部专著的出版感到高兴，特此提笔作序。

中国科学院院士

2023 年 12 月

前 言

杉木（*Cunninghamia lanceolata*）是我国特有的常绿乔木，其种植面积及蓄积量均占全国造林树种之首。杉木因生长速度快、材质优良等特点，被作为我国南方最重要的速生丰产用材树种之一，在我国林木资源总量中占据十分重要的地位。然而，受纯林种植、多代连栽等管理模式影响，我国南方大面积的杉木人工林出现林分结构单一、地力衰退、生产力低下、水源涵养能力差等一系列生态环境问题。因此，深入了解不同林分类型杉木人工林的水文过程，对优化我国杉木人工林经营管理以达到提质增效和可持续发展的目标具有重要意义。稳定同位素技术在森林水文过程研究中的优势在于：可将生态系统水文过程，包括从大气降水到地表水、土壤水、植物水、地下水等的转化与分配过程作为一个整体来研究，定量地阐明其关键水文过程与影响机制，最终将人工林生态系统水文过程定量化。

本书共分九章。第一章绪论详细论述了稳定同位素技术在杉木人工林水文过程中的应用研究进展；第二章介绍了研究区概况和研究方法；第三章至第六章系统介绍了稳定同位素技术在我国中亚热带不同类型杉木人工林关键水文过程——大气降水、土壤水、植物水等研究中的应用；第七章至第九章分别介绍了杉木人工林中的各水体转化关系、杉木人工林植被对关键水文过程的调控作用及主要结论和研究展望。

本书以我国中亚热带地区不同林分类型杉木人工林（杉木纯林、杉木－樟树混交林、杉木－桤木混交林）为研究对象，运用氢氧碳稳定同位素技术，结合 MixSIAR 模型、结构方程模型、随机森林模型等方法，定量阐明不同林分类型杉木人工林土壤水对不同量级降水的响应、凋落物层水文功能、杉木的水分利用率和水分利用效率及其关键调控因子，揭示不同类型杉木人工林植被结构对水文过程的调控作用，为中国亚热带地区人工林结构优化和生产力提升提供科学的理论依据。

本书得到了国家自然科学基金项目（31870716）、中央级公益性科研院所基本科研业务费专项资金重点项目（CAFYBB2017ZB003）和十四五国家重点研发计划（2023YFF1304402）的资助。

在本书付梓之际，特别感谢我的导师蒋有绪院士为本书作序，感谢中国科学院沈阳生态研究所汪思龙研究员（站长）、张伟东研究员和湖南会同森林生态系统国家野外科学观测研究站张秀永、黄苛、朱睦楠老师对野外工作的大力支持和帮助；感谢张蓓蓓副研究员对书稿的排版和校对。

因编写时间仓促，书中的错误在所难免，不足之处，敬请广大读者批评、指正。

徐秋

2023 年 12 月

于北京

目 录

第一章

绪 论

森林与水的关系一直是森林生态学和水文学领域研究热点之一（Sun and Liu, 2013；Roebroek *et al.*, 2020），研究森林植被对水文过程的调控作用及其与环境要素关系，是气候变化背景下实现水资源科学管理的根本途径。人工林作为森林资源的重要组成部分，在提供木材、改善环境、提升碳汇、减缓气候变化等方面发挥着十分重要的作用（Law *et al.*, 2018；刘世荣等，2018；徐庆等，2023）。1990—2020 年，全球人工林面积增加了 1.23 亿 hm^2，随着人工林的不断发展，人工林与水的关系问题也引起国内外生态学家们的广泛关注（Wu *et al.*, 2015）。人工林生态系统水文过程不仅是其生态系统服务功能的组成部分，且在系统生产力、养分循环、生物地球化学循环等功能中皆发挥着重要的作用（Del Campo *et al.*, 2019；徐庆等，2023）。因此，研究人工林关键水文过程对于明确人工林植被与水的相互作用及反馈关系，实现人工林区有限水资源的合理利用，增强人工林对气候变化的适应能力等皆具有十分重要的意义。

中国是世界上人工林保存面积最大的国家，其人工林面积为 0.8 亿 hm^2，约占世界人工林面积的 36%（国家林业和草原局，2019）。然而，我国现有人工林纯林化严重（有 85% 为纯林），导致人工林生态系统出现生产力低下、水土流失严重、生态系统稳定性弱等生态问题（Xu, 2011；Wang *et al.*, 2015；盛炜彤，2018；徐庆等，2023），严重阻碍了我国人工林的可持续健康发展。另外，全球气候变化引起极端降水事件和季节性干旱事件频发，人工林的水文过程受到显著影响，林中重要植物易受到水分胁迫，致使植被生产力和树木存活率下降（Allen *et al.*, 2010；Tague *et al.*, 2019）。近年来，这些现象在我国亚热带地区尤为突出。最新研究表明，降水格局变化导致的土壤含水量减少使得亚热带地区森林植被适应气候变化的能力下降（Zhou *et al.*, 2013；Schlaepfer *et al.*, 2017；Zhang *et al.*, 2022b）。因此，如何增强我国亚热带地区人工林稳定性、提升其生态服务功能和经济效益是我国人工林经营管理中亟待解决的关键问题（刘世荣等，2018；曹新光等，2021）。大量研究表明，混交林的营造可改良土壤、提高水分蓄积量并增强其碳汇潜力（Feng *et al.*, 2022；Guo *et al.*, 2023）。但是，针对混交林生态系统中优势树种水分利用过程和水文效应尚缺乏系统研究。因此，降水格局变化背景下，研究亚热带地区不同类型人工林的水文过程，定量阐明人工林优势树种的水分利用率和水分利用效率，揭示其水分利用机理及对干旱协迫的适应机制，对我国人工林的结构优化和生产力提升具有十分重要的理论和实践意义。

杉木是我国亚热带地区特有的常绿乔木，在我国具有 1000 多年的种植历史（Zhang *et al.*, 2019a），总面积已达 9.9×10^5 hm^2，位居全国所有造林树种之首（盛炜彤等，2018）；

杉木因其具有速生丰产、材质优良等特点，也被作为我国南方植被恢复重建和木材生产最重要的树种之一（Xu *et al*., 2016；梁萌杰等，2016），在我国林木资源总量中占据十分重要的地位（Yang *et al*., 2015b）。但由于大面积纯林种植、多代连栽等管理模式，致使我国南方大面积的杉木人工林林分结构单一，进而引起地力衰退、生产力低下、水源涵养能力差等一系列生态环境问题（陈龙池等，2004；Selvaraj *et al*., 2017）。为提高杉木人工林林分质量，更好地维持其可持续发展，近自然经营的混交林被认为是解决现阶段杉木人工林发展障碍的理想选择之一（Wang *et al*., 2008；Richards *et al*., 2010；Lu *et al*., 2014；Bu *et al*., 2020）。前人针对杉木纯林、针阔混交林（杉木与阔叶树混交林）的研究多集中在碳氮循环、碳储量、土壤微生态环境等方面（Wang *et al*., 2009；Selvaraj *et al*., 2017；Lu *et al*., 2022；施志娟等，2017）。然而，目前关于混交林中杉木水分利用过程以及混交林能否增强杉木人工林生态系统水文功能尚不清楚。因此，在亚热带地区杉木人工林的经营管理中，深入了解不同类型杉木人工林的水文过程，有助于进一步优化杉木人工林群落结构及其经营管理措施，以达到人工林提质增效和可持续发展的目标。

稳定同位素技术具有示踪、整合、指示等多项功能，且简便快捷，可提供精确可靠的信息，在古气候学、水文学和生态学等领域得到广泛应用（Kohn, 2010；Penna *et al*., 2011；徐庆，2020；徐庆等，2023）。目前稳定同位素技术也被广泛地应用于陆地生态系统水文过程的研究（Xu *et al*., 2011；Zhang *et al*., 2019b），解决了其他技术手段难以解决的瓶颈问题，是从不同时空尺度上研究生态系统复杂水文过程的有力工具。为深入探究我国亚热带杉木人工林水文过程及其对降水格局变化的适应机制，本研究以我国中亚热带湖南会同不同林分类型杉木人工林［杉木纯林、杉木－樟树（*Cinnamomum camphora*）混交林、杉木－桤木（*Alnus cremastogyne*）混交林］为研究对象，利用传统水文学方法，探究不同类型杉木人工林地表凋落物层水文效应；基于氢氧稳定同位素技术，分析杉木人工林中各水体（大气降水、地表水、土壤水、植物水、地下水等）的氢氧同位素组成，定量计算不同量级降水对不同类型杉木人工林各层土壤水的贡献率，评估不同类型杉木人工林截留降水的能力；同时解析林中优势植物水分利用格局及其对降水变化的适应策略；利用碳稳定同位素技术，结合植物光合生理特性，定量阐明不同类型人工林中优势植物水分利用效率，明确人工林中杉木固碳能力和水分利用之间的关系，进而从凋落物层、土壤层和植被层多层次较为全面和系统地揭示我国亚热带杉木人工林结构对水文过程的影响机制，为我国亚热带地区人工林结构优化和生产力提升提供科学依据。

第一节　森林生态系统水文过程研究进展

生态水文是一门从不同尺度（叶片、个体、群落、生态系统、区域、全球）探索和揭示形成生态格局和过程的水文学机理的一门学科，包括研究陆地生态过程和水文过程之间的相互作用及调控关系（图 1-1），其目的是揭示水、土壤和植被等生态要素之间相互作用及各生态要素对生态系统中物质循环和能量流动的影响（夏军和李天生，2018；杨阳等，

2018；王根绪等，2021）。森林是陆地分布最广泛的生态系统，参与生态过程和水文过程的各个环节，在调节陆地水循环、改善环境、减缓气候变化和维护区域生态安全等方面扮演着重要角色（Xu, 2011；Roebroek *et al*., 2020）。森林生态系统水文过程涉及大气、土壤、植被等生态要素在多尺度、多界面下的相互作用与反馈机制（Xia *et al*., 2021；王根绪等，2021），是陆地生态水文过程研究的主体，其研究对于优化区域森林植被和水资源配置，阐明陆地生态系统水循环过程对气候变化的响应机制具有十分重要的意义。

自20世纪初以来，众多学者相继开展森林水文过程研究，主要包括：①森林生态系统单一或几个界面层的水文过程，如林冠截留、凋落物层截留和蓄水、土壤水入渗等（Siegert *et al*., 2016；Pierre-Erik *et al*., 2018；马雪华，1987）；②森林植被变化对水文过程和径流的影响（Guo *et al*., 2023）；③水与大气、森林植被、土壤结构和土壤养分等生态要素之间的相互作用关系（Seneviratne *et al*., 2010；Wang *et al*., 2019）；④森林水文效应的流域尺度作用与水文模型（Western *et al*., 2002；Vereecken *et al*., 2007）等方面的内容。

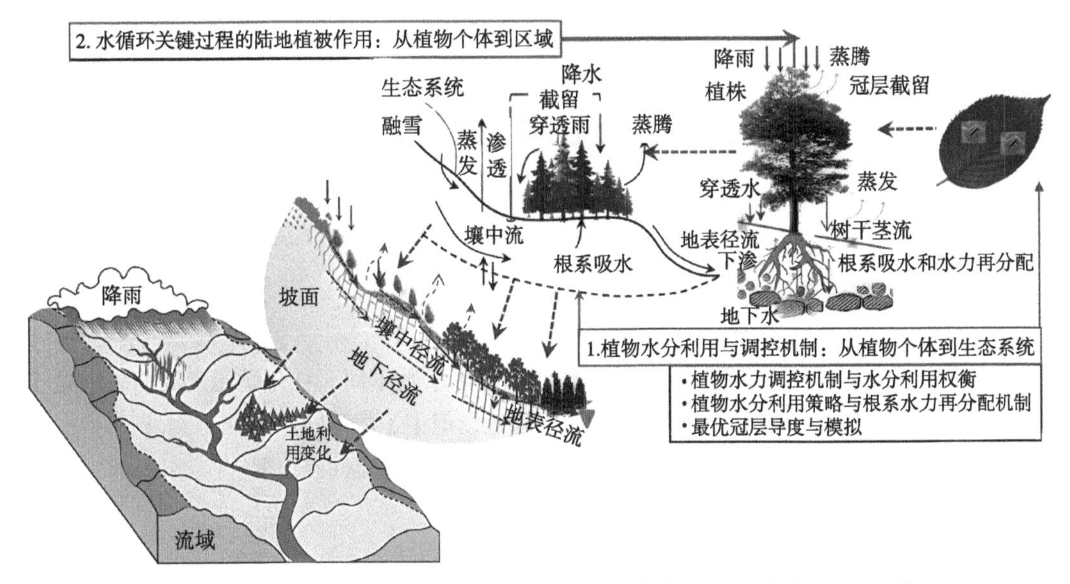

图 1-1 不同尺度下的生态水文过程研究［参考王根绪等（2021）］

近50年来，生态系统水文过程研究的技术手段也有了较大进步。起初，人们主要运用传统水文学方法对森林生态系统中水分或环境因子的变化规律进行探究，水文观测地点也多在某个地点、山坡、小流域尺度上进行（McCulloch and Robinson, 1993；王礼先和张志强，1998）；随着森林水文模型的运用和发展，研究者利用野外水文观测数据，同时借助水文模型探讨水分从输入端进入森林生态系统后流出的动态水文过程，如计算蒸腾蒸散量的Penman-Monteith方程（陈琪等，2019），以及黑箱模型、集总式模型和各类分布式水文模型。这些水文模型为我们在大尺度上理解、预测森林生态系统的水文过程奠定了较好的基础。但目前，模型模拟研究仍存在原始数据缺失等问题，且水文模型输入变量和参数空间异质性增大了水文模型校验结果的不确定性，限制水文模型的准确性。近年来，地理信息系统和遥感技术为森林生态系统水文过程分析提供了重要数据源和模型算法，如Mo等

（2004）利用遥感影像，并根据植被冠层吸水后反射特性的变化，研究了大面积范围内的冠层降水截持；Li 和 Long（2020）融合遥感观测和 ERA5 再分析数据，高精度反演了雅鲁藏布江 2007—2013 年季风期的大气水汽数据，但在小尺度的估算精度上有待优化。

综上所述，近几十年来，国内外学者采用多种技术手段对森林生态系统水文过程进行了研究，并取得一系列研究成果，但对于人工林生态系统水文过程的整体性和系统性的研究仍相对匮乏，一些关键水文过程的定量研究仍缺乏。此外，由于人工林生态系统的复杂性、环境条件的时空异质性，不同林分类型人工林关键水文过程可能存在差异，导致有些研究结果仍存在争议。因此，关于不同类型人工林水文过程及水文效应的定量和系统研究还有待进一步加强。随着质谱技术的发展，稳定同位素技术在生态水文过程研究中的应用不断加强。运用自然水体中已存在的氢氧稳定同位素这一理想的示踪剂，可以跟踪森林生态系统各个水文过程，并将其作为一个整体来研究，同时可阐明不同林分类型如何影响水分在各关键水文过程之间的迁移与分配，解决了一些传统技术无法解决的难题（Dansgaard, 2010），为人工林生态系统水文过程的定量研究提供了新的技术手段。

第二节　稳定同位素基本概念

一、同位素的概念及分类

同位素（isotope）是指某一元素质子数相同而中子数不同，在化学元素周期表中处于同一位置的一类原子。同位素具有同样的原子序数，但中子数不同。

同位素按其原子核的稳定性可分为：放射性同位素和稳定性同位素。

按核素来源可分为：人工同位素和天然同位素。

二、稳定同位素的概念

稳定同位素是指某元素中不发生或极不容易发生放射性衰变的同位素，又称环境同位素。自然界水体中的氢稳定同位素有 ^{1}H（氕）、D（氘）共 2 种同位素，氧稳定同位素有 ^{16}O、^{17}O 和 ^{18}O 共 3 种同位素。

由于天然物质中，不同样品的同位素含量差异甚微，用同位素丰度或同位素比值很难显示它们这种微小的差异，故而在同位素地质研究中引入 δ 值。因此，国际上关于稳定同位素生态水文的研究中常运用 δ 值，氢氧稳定同位素比值（或丰度）用相对维也纳标准平均海洋水（V-SMOW）的千分差表示：

$$\delta=(R_{sa}-R_{st})\times 1000‰/R_{st} \tag{1.1}$$

式中：R_{sa}——样品中元素的重轻同位素丰度比；

R_{st}——国际通用标准物（V-SMOW）的重轻同位素丰度比。

由于自然界中不同水体经历不同的相变过程而导致其氢氧同位素组成不同，因而通过分析不同水体氢氧同位素比值（或丰度）的差异（δ值），可揭示生态系统水循环过程及其系统中各水体之间关系。

碳稳定同位素组成（$\delta^{13}C$）与植物水分利用效率（WUE）相关，因而利用不同环境条件下植物碳稳定同位素组成（$\delta^{13}C$）可反映植物的水和碳的关系，有效指示植物长期水分利用效率（WUE），从而揭示气候环境变化对植物水分利用及其生理生态过程的影响。

第三节　氢氧碳稳定同位素在森林生态系统水文过程中的应用研究进展

1. 大气降水

在森林生态系统水文过程中，降水是最主要的水分输入源，影响着植被的生长和变化（Charney *et al*., 2016；Babst *et al*., 2019），因而，了解降水的特征是研究森林生态系统水文过程一项重要和关键的先决条件。然而，由于地理位置、气候条件等因素的影响，降水氢氧同位素组成存在显著的时空差异，因此，探究大气降水氢氧同位素的时空变化特征是深入理解和认识降水在森林生态系统各个界面分配、运移和转化的前提条件（隋明浈等，2020）。

降水中重（D、^{18}O）和轻（H、^{16}O）同位素的相对丰度与降水形成的气象过程及水汽源区的气候条件紧密相关（郝玥等，2016；徐庆，2020），其组成特征可反映降水形成、水汽来源和转化路径，有助于推演区域气候变化和森林生态系统水循环过程（Tang *et al*., 2017；Dai *et al*., 2020a）。自 20 世纪中期全球降水同位素网络（Global Network of Isotopes in Precipitation，GNIP）建立以来，大气降水取样及其氢氧稳定同位素监测研究工作陆续在全球众多地区展开（徐庆等，2023；郑淑蕙等，1983）。基于北美地区 GNIP 中大气降水 δD 和 $\delta^{18}O$ 数据以及两者之间的线性关系，全球大气降水线方程（GMWL）为 $\delta D = 8\delta^{18}O+10$（Craig, 1961）。近几十年来，氢氧稳定同位素技术被广泛应用于不同时空尺度的水汽来源追踪、气候变化和古气候重建等诸多领域（Thompson *et al*., 2000；Wang *et al*., 2017c；Mosaffa *et al*., 2021）。与此同时，国内许多学者对我国不同地区的降水氢氧同位素特征也进行了大量研究，在西北内陆、华北地区及季风区等全国各地区的站点或样点建立了局地大气降水线方程，结合全球大气降水线（GMWL）和拉格朗日综合轨迹模型（HYSPLIT）揭示不同地区的降水水汽来源及运移轨迹（张蓓蓓等，2017）。研究表明，降水氢氧同位素组成的变化主要受水循环过程中氢氧同位素分馏影响（Hoefs, 1980）。Tan（2014）研究发现水汽在长距离运输中，由于不断产生垂直降水，导致降水的 $\delta^{18}O$ 值偏负，过量氘（d）小于全国平均值。此外，纬度、海拔、季节、温度和降水量等因素也会引起

降水中 δD 和 δ^{18}O 的变化（Dansgaard, 1964）。一般认为，降水的氢氧同位素值与降水量呈显著负相关，与温度呈正相关（Dansgaard, 1964）。但在亚热带的多个地区研究发现，由于纬度的影响，大气降水中的 δD 和 δ^{18}O 与温度呈负相关，表现出“反温度效应”（李广等，2015）。综上所述，国内外学者已在各个地区降水起源、运移轨迹及其环境效应等方面开展了诸多研究。但由于局地气候、水汽来源和传输路径的不同，同一区域不同时间尺度下大气降水氢氧同位素特征存在较大差异（Trenberth, 2011），导致森林生态系统内部水文过程发生改变，因此，我国亚热带地区大气降水氢氧同位素的时空变化特征还需进一步深入研究。

2. 土壤水动态变化与森林类型

土壤水是土壤 – 植物 – 大气连续体（SPAC）中关键而复杂的生态变量，在大气层、植被层和地表层之间的物质传输和能量交换过程中起着十分重要的作用（Niether *et al*., 2017；Li *et al*., 2020），在森林生态系统水文过程中，土壤水是联系降水、地表水和地下水的关键纽带（潘素敏等，2017），其动态变化对于植物生长和地下水的补给至关重要（Gierke *et al*., 2016）。土壤剖面中，各层土壤水氢氧同位素组成几乎携带了降水氢氧同位素组成变化的全部信息。因此，可通过分析不同层次土壤水的氢氧同位素组成，厘清降水在土壤剖面中的时空运移过程，解析降水在森林生态系统不同界面层的分配。

基于稳定同位素的土壤水研究可追溯到 20 世纪 60 年代，最早学者们主要通过氢氧同位素示踪水分在土壤非饱和层中的迁移过程（Zimmermann *et al*., 1966；Blume *et al*., 1967）。此后，诸多学者开展了大量相关的野外和室内实验探究降水在土壤垂直剖面中的迁移变化规律（Allison, 1982；Shurbaji *et al*., 1995）。Gazis 和 Feng（2004）通过分析不同地区土壤剖面中降水与土壤水氧同位素组成，证实了土壤中“优先流”和“活塞流”的存在。在我国，土壤水氢氧同位素特征的研究起步较晚，但近几十年来，相关研究也得到迅速发展，诸多学者对不同地区、不同植被类型下土壤水的氢氧同位素组成进行了研究（田立德等，2002；Xu *et al*., 2012；Zhang *et al*., 2019）。谢小立等（2012）在油茶（*Camellia oleifera*）林生态系统中的研究发现，0 ～ 40 cm 浅层土壤的产流量、峰值流量、滞后和拖尾均小于 40 ～ 110 cm 深层土壤，同时指出相对的饱和层是壤中流产生的重要条件。Zhao 等（2016）通过分析我国西南丘陵区降水后土壤剖面中氢同位素组成，发现雨水和土壤水只在降水后数小时内充分混合，且降水对土壤“活塞流”贡献率高达 72.5%。

土壤水动态变化与环境、气候、植被特征和土壤性质等多种因素相关，但各生态要素如何相互作用调控土壤水动态变化仍还不清楚。在区域尺度下，土壤水动态变化主要受土壤性质（Sun *et al*., 2019）和植被特征（Yu *et al*., 2018；Šípek *et al*., 2020）的调控。土壤水动态变化和补给过程与土壤性质密切相关（Jin *et al*., 2011）。一般认为，良好的土壤性质（容重、孔隙度等）有助于改善降水在土壤中的入渗和存蓄，同时具有较高的持水能力（Sun *et al*., 2019；Dai *et al*., 2020b）。然而，越来越多的研究表明土壤水动态变化更易受植被特征影响。植被特征（地上生物量、凋落物和根系）可通过复杂且相互作用调控土壤水分运移过程（Levia and Frost, 2003）。如具有较大冠层面积的人工林可以拦截更多的降水，从而减缓水分在土壤中的分配（Deguchi *et al*., 2006；Zhang *et al*., 2021）。林冠和凋落物能通过提供遮阴/覆盖，减少水分蒸发，从而增加土壤水分含量（Xia *et al*., 2019；Zhu *et al*., 2020）。而植物根系吸水和叶片蒸腾则会消耗土壤水，降低土壤含水量（Schlesinger and Jasechko, 2014；Song *et al*., 2020）。Kimura 等（2015）的研究则表明，林中丰富的植被（灌木、草本等）有利于降水的截留和储存。与纯林相比，不同树种混交导致的植被特征和土壤性质的变化也会影响土壤水动态变化（Zhang *et al*., 2021），但植被特征和土壤性质如何相互作用调控土壤水分变化过程以及不同林分类型人工林的土壤水动态变化是否存在差异仍需进一步探究。

众所周知，土壤水变化及其调蓄水分能力与降水特征（强度、量级等）直接相关（Ciampalini *et al*., 2020）。发育良好的林地土壤会减小雨水的侵蚀，降低地表径流，这对气候变化下实现森林生态系统涵养水源功能至关重要（Nottingham *et al*., 2015）。Xu 等（2012）通过各层土壤水对不同量级降水响应的研究发现，在川西亚高山暗针叶林中，小量级降水主要以“活塞流”的形式在土壤中下渗，而大量级降水主要以“优先流”的形式在土壤垂直剖面中运移。Mei 和 Ma 等（2022）在黄土高原地区的研究表明土壤水对降水的响应受植被类型和降水强度的影响，与对照天然林和草地相比，中等和极端降水事件后刺槐（*Robinia pseudoacacia*）林的土壤含水量最小。但目前的研究仅仅是在单一林型或不同土地利用方式下得到的土壤水对不同量级降水的响应，而不同林分类型（纯林和混交林）如何影响降水在土壤中的迁移与分配尚不清楚。近期研究发现，混交林能增强土壤的水力传导性（导水率和疏水性）（Zema *et al*., 2021）。但在自然降水条件下可提供的有关混交林对水分截留和贮蓄功能的直接信息有限，需根据其对土壤水力特性的影响进行推断，这限制了我们对林分类型（纯林和混交林）生态水文功能的准确预测和评估。混交林土壤水力特性变化能否转化为土壤持水能力的变化需在不同量级降水条件下进行验证。

3. 植物水动态变化与森林类型

水是植物体的重要组成部分，在植物生命活动（生长发育、养分运输等生理生态）过程中发挥不可替代的作用；植物水显著影响森林植被的结构和生态功能（Boyer, 1982；Aranda *et al*., 2012）。实际上，植物水在土壤-植被-水文耦合过程中扮演重要角色，制约着人工林植被对环境变化的反馈和响应（李中恺等，2022）。由于降水及其他生态因子的变化，植物水分获取存在一定的时空变化特征（Volkmann *et al*., 2016；Wang *et al*., 2017a）。因此，探究植物水分利用过程对于深入认识人工林生态系统水文过程中土壤-植被界面的相互作用和反馈机制，预测植被结构对植物水分利用过程以及对气候变化的响应具有十分重要的意义。

迄今为止，国内外关于植物水分利用的研究方法主要有根系挖掘法（Nie *et al*., 2014；Yang *et al*., 2017）、热技术法（Hentschel *et al*., 2013）和稳定同位素法（Lin and Sternberg, 1993）三大类。传统的根系挖掘法虽然能判断植物水分的可利用性，但由于根系分布不能完全代表其水分吸收的活跃性，因此根系分布也不能作为精准判断植物水源的依据（Cheng *et al*., 2006）。此外，热技术法虽能监测植物耗水特征，但对外界环境条件要求较高，且无法对水分来源进行定量化分析（寿文凯等，2013）。近几十年来，随着质谱技术的发展，氢氧稳定同位素技术因破坏性小、快速简便、检测精度高等优点成为植物水分利用研究中应用的主流方法（Landgraf *et al*., 2022；徐庆等，2022）。除少数盐生和旱生植物外（Lin and

Sternberg *et al*., 1993；Ellsworth and Williams, 2007），大部分陆生植物的根系吸水及水分在植物体从根部向茎转运的过程中其氢氧同位素不发生分馏（Dawson and Ehleringer, 1991；Ellsworth and Williams, 2007；Cui *et al*., 2015），因此，可根据植物木质部水以其潜在水源的氢氧同位素组成分析来区分其水分来源，并定量区分各个水源的贡献比例。如 Asbjornsen 等（2007）在不同生态系统的研究中发现，草原和农田生态系统中的植物主要吸收利用 0 ～ 20 cm 浅层土壤水（36% ～ 45%），林地和稀树草原中的树木则主要从 60 cm 以下的土层中吸收水分（60% ～ 80%）。同一植物的水分来源受季节特征和水分条件（降水、土壤水可利用性等）的影响。Voltas 等（2015）发现，环地中海地区阿勒松（*Pinus halepensis*）水分来源存在明显的季节差异，在早期生长季节水源充足时，大部分阿勒松主要吸收利用浅层土壤水（＞ 50%），而在夏季和初秋干旱季节，则将水源转换到深层土壤和浅层地下水。相似地，梭梭（*Haloxylon ammodendron*）在 4 月生长季早期主要利用 0 ～ 40 cm 浅层土壤水，5 ～ 9 月生长季中期和后期主要吸收地下水，同时在前期土壤含水量较低的情况下，只有较大量级的降水或者连续降水才能激活梭梭表层根系的活性，促进其对浅层土壤水的利用（戴岳等，2014）。另外，诸多学者运用氢氧稳定同位素技术对人工林中不同树种的水分利用策略进行了研究。刘自强等（2016）发现，栓皮栎（*Quercus variabilis*）无论雨季还是旱季均主要从浅层土壤中获取水分（＞ 50%），而同一地区种植的侧柏（*Platycladus orientalis*）在雨季主要利用 0 ～ 20 cm 浅层土壤水，旱季则主要利用深层土壤水，表现出较强的水源可塑性。通过在亚热带地区轻度间伐马尾松（*Pinus massoniana*）人工林中的研究，Wang 等（2022）发现马尾松也具有灵活的水分利用策略，在小雨后马尾松主要利用稳定的 60 ～ 100 cm 深层土壤水（57.4%），大雨后则转而增加利用 0 ～ 40 cm 浅层土壤水。综上所述，以往的研究极大地推动了我们对于不同生态系统中不同树种水分利用策略的认识。

林分类型（纯林和混交林）同样会影响植物的水分利用格局。有些研究表明，混交林中植物可以通过水文生态位分化或功能互补减少水分及养分等资源的竞争（Silvertown *et al*., 2015），促进不同植物种共存。此外，也有证据指出一些深根植物可通过水力再分配为邻近植物提供水分（Emerman and Dawson, 1996；Brooks *et al*., 2006；Rodríguez-Robles *et al*., 2015），提高水分利用效率。然而，如果混交林中共存植物具有相似的功能特征（功能冗余），采用相似的水分利用策略，则表现出水文生态位重叠，导致水分竞争加剧，进而增加水分胁迫程度（Yang *et al*., 2015a；Magh *et al*., 2020）。由此可见，尽管许多学者试图揭示不同树种混交种植对林中优势植物水分利用格局的影响，但由于气候、环境以及树种的差异，不同混交林中优势植物的水分利用格局仍存在较大的不确定性。另外，通过比较纯林和混交人工林中同一目标树种的水分利用格局发现，其结果也存在较大差异。Schume 等（2004）发现，欧洲水青冈（*Fagus sylvatica*）与针叶树种云杉（*Norway spruce*）混交后，山毛榉通过增加和促进深层土壤细根生长响应种间相互作用，从而促进其对深层土壤水的利用率。但近期研究表明，物种多样性与竞争强度对混交林中水青冈（*Fagus*）的土壤水分利用深度无显著影响（Grossiord *et al*., 2014）。因此，有必要在区域尺度上深入了解不同林分类型人工林（纯林和混交林）对林中优势树种水分利用格局的影响。

基于碳稳定同位素的植物水分利用效率（WUE）的定量研究，可反映植物碳、水之间的耦合关系，同时也是生态系统功能的关键特征（Keenan *et al.*, 2013；Wang *et al.*, 2017b）。植物光合作用过程中，由于气体扩散和光催化 RuBP（1, 5- 二磷酸核酮糖）羧化酶羧化阶段的分馏效应，导致叶片 $^{13}C/^{12}C$ 的差异（Farquhar *et al.*, 1982；O'Leary, 1988），因此，根据叶片碳同位素组成可揭示植物水分利用效率对环境因子的响应。鉴于植物叶片碳同位素组成与水分利用效率的正相关性（Farquhar *et al.*, 1982；Nock *et al.*, 2011；Zhao *et al.*, 2021），植物叶片 $\delta^{13}C$ 经常被作为估算植物碳积累期间长期水分利用效率的有效代替方法（Su and Shangguan, 2020；Tarin *et al.*, 2020），克服了以往只能通过气体交换测定瞬时和短时间 WUE 的瓶颈问题，为揭示植物长期水分利用效率提供了一种可靠的方法和途径（Stokes *et al.*, 2010；Baruch, 2011；樊金娟等，2012）。

植物的水分利用效率（WUE）和 $\delta^{13}C$ 组成及其时空的差异受外界环境因子的制约（Li *et al.*, 2022）。同一生境下不同生活型植物的水分利用效率差异显著。比如，与草本植物相比，乔木和灌木具有较深的根系通常表现出较为“挥霍”的水分利用策略，从而导致其水分利用效率低于草本植物（Schenk and Jackson, 2002；Zheng and Shangguan, 2007）。同样，檀文炳等（2009）和王云霓等（2013）的研究也发现类似的规律，并指出同一区域植物 WUE 的差异受水分条件的影响较大。在局域尺度上，相关研究证实，植物水分利用效率与水分可利用性紧密相关，并随地下水位埋深和干旱程度的增加呈逐渐升高的趋势（Adiredjo *et al.*, 2015；黄甫昭等，2019）。除水分条件外，Vitoria 等（2016）发现，位于巴西热带森林中树木叶片 $\delta^{13}C$ 及其水分利用效率主要受光照和温度条件的影响，其中阴生植物叶片 $\delta^{13}C$（约 −33‰）低于阳生叶片（约 −30‰）。Li 等（2017a）基于 2012—2015 年气候变暖背景的研究则发现，温度升高增加了木荷（*Schima superba*）和马尾松的生物量，降低了其比叶面积和植物水分利用效率。

尽管以往的研究推动并加强了我们对不同植物水分利用效率的理解和认识，但依然存在局限性。一方面，全球气候变化背景下，极端干旱事件在干旱和半干旱地区频繁发生，水分限制进一步加剧（Prein *et al.*, 2017），致使人工林初级生产力下降，甚至引起树木死亡率逐年上升。在此背景下，干旱和半干旱地区人工林植物水分利用效率及其对气候变化的响应成为学者们关注的重点。然而，气候变化引起的季节性干旱也时有发生，尤其在亚热带地区其发生频率不断增加（Bao *et al.*, 2017；Prein *et al.*, 2017），这必将显著地影响人工林的碳、水过程（Huang *et al.*, 2015），进而可能引起植物水分利用效率的变化。更为重要的是，由于副高气压带的影响，全球大部分亚热带地区主要被沙漠或半沙漠覆盖（Zhang *et al.*, 2016；Song *et al.*, 2022），而中国南方森林是亚热带陆地生态系统最大的碳汇，该地区的大面积人工林被认为是减缓气候变化进程的重要战略（Wang *et al.*, 2020a）。然而，迄今为止，针对亚热带地区人工林优势植物水分利用效率的定量研究仍然匮乏。已有研究表明，气候变化导致亚热带地区重要人工林树种杉木的适生区域和生态位不断减小（唐兴港等，2022），说明季节性干旱同样会强烈地影响人工林植物的生存和生长。因此，需进一步探索亚热带人工林中优势植物的水分利用效率，这有助于加深我们对人工林水碳耦合过程的理解，预测其在未来生境下人工林生态系统水文过程的变化特征。

另一方面，目前针对人工林优势树种水分利用效率的研究主要关注同一区域不同树种或单一林型。如 Valentini 等（1994）研究表明，落叶植物叶片的 δ^{13}C 值和水分利用效率季节变化明显，通常低于常绿植物。在一项基于暖温带地区单一林型的研究发现，栓皮栎叶片碳同位素组成的季节变化与化学计量密切相关，且生长初期高，晚春至秋季落叶前逐渐下降的趋势，并指出这种季节变化主要受温度的驱动（Du *et al.*, 2021）。实际上，外界环境因子的变化会干扰植物的正常生理活动，导致其水分利用效率的变化（Brienen *et al.*, 2017；Liu *et al.*, 2021a）。混交林中不同树种相互作用会引起林中树木光照、水分和养分等的变化，进而可能影响树木的水分利用效率（Linares *et al.*, 2009）。相关研究指出，混交林中树种间的相互作用对其水分利用效率的影响可能比环境因子更为重要（Gonzalez de Andres *et al.*, 2018）。然而，目前关于纯林和混交林中同一目标树种水分利用效率的研究相对匮乏，并且出现有不同类型人工林对植物水分利用效率的影响不一致的现象（Conte *et al.*, 2018；Wang *et al.*, 2020b）。如 Forrester（2015）研究发现，由于“互补效应”蓝桉（*Eucalyptus globulu*）与黑荆（*Acacia mearnsii*）混合种植后其水分利用效率（WUE）较纯林中蓝桉提高 54%。相反，与混交林相比，纯林中欧洲山毛榉具有更快的生长及更高的 WUE（Conte *et al.*, 2018）。因此，有必要进一步探究亚热带地区纯林和混交林中同一目标植物的水分利用效率以深入了解亚热带森林生态系统关键水文过程及准确预测其对气候变化的综合响应。

4. 水体转化

水中氢、氧稳定同位素组成是水循环中水分子的指纹，可以把大气降水和生态系统内各水体传输联系起来，了解不同水体的氢氧同位素组成和相互关系可追踪森林生态系统中各水文过程之间的联系（Barbour, 2007），对于揭示区域水循环过程和机制至关重要。以降水形式输入森林生态系统的水分，一部分被林冠截留，一部分转化为地表径流，另外很大一部分则入渗土壤，探究不同深度土壤水氢氧同位素组成变化、对比不同水体间（降水、土壤水、地表水、地下水等）氢氧同位素组成的差异，不仅可以阐明降水在各层土壤中的入渗过程及产汇流机制，还能解释不同水体间的转化关系。但由于气候、环境等因素的影响，导致不同区域生态系统的水体转化关系存在一定差异。通过对亚热带常绿阔叶林中不同水体氢氧同位素组成的分析发现，随土壤深度的增加，土壤水 δD 和 δ^{18}O 逐渐贫化，而 δD 和 δ^{18}O 在降水 - 土壤水 - 植物水界面的传输转化过程中表现为逐渐富集的趋势（李龙等，2020）。相反，翟远征等（2011）和邓文平等（2013）在北京不同地区的研究发现，δD 和 δ^{18}O 在大气降水 - 地表水 - 泉水（地下水）的传输过程中均呈现逐渐贫化的趋势。综上所述，不同地区、不同生态系统的水体转化关系也存在较大差异，因此，需要进一步深入研究不同类型森林生态系统中的水体转化关系以及区域水循环机理，以追踪森林生态系统中各水文过程之间的联系（Barbour, 2007），从而促进水资源可持续利用。

第四节　杉木人工林水文过程研究进展

杉木是我国南方丘陵地区造林的先锋树种，其栽培面积占全国所有人工林面积的24%（Hemati *et al*., 2020），在保护环境、木材供应、水源涵养等方面发挥着十分重要的作用（Liu *et al*., 2012；梁萌杰等，2016）。为全面理解和认识杉木人工林生态系统的生态水文功能，国内外学者对其水文过程和水文效应展开许多相关研究（Liu *et al*., 2012；郭昊澜等，2021）。早期关于杉木人工林水文过程的研究多基于传统水文学方法。如马雪华等（1993）通过对江西分宜林场中小集水区的观测发现，杉木人工林冠层的平均截留率为15.77%，其土壤层稀薄，调蓄水分的能力较差。简永旗等（2021）在浙江新安江林场的间伐杉木人工林的试验中发现，45%～60%间伐可显著提高凋落物层拦蓄能力和0～60 cm土壤层的持水性能。Jiang等（2019）通过水量方程探讨了降水在不同类型人工林中的分配，发现与次生阔叶林相比，杉木人工林较高的林下植被和凋落物厚度有助于增加土壤层水分入渗，减小地表径流。土壤是人工林生态系统水分和养分的主要储蓄库，对人工林中植物生长发育起着决定性作用。最新一项基于Meta分析的研究发现，杉木混交林土壤理化性质和酶活性较纯林相比分别提高13.97%和36.34%，能够改善林地的养分循环（Guo *et al*., 2023）。近年来，一些学者基于树干液流的蒸腾作用探究杉木水分利用状况，研究表明，由于功能性状的差异，较阔叶树种相比，杉木的木材密度和蒸腾速率较低，对饱和蒸汽压差（VPD）的敏感性弱，因此即使在湿润季节也表现出较低的水分利用率（Ouyang *et al*., 2022）。Meng等（2021）发现杉木和马尾松的径向生长受水分条件的显著影响，两者对气候变化的响应方式相似但强度不同，杉木的蒸腾和碳同化能力较强，因而其径向生长持续的时间延长。综上所述，尽管以往关于杉木人工林水文过程的研究极大地加深并促进了我们对其生态水文功能的认识，但这些研究多集中在不同管理措施或单一林分类型下的水文过程，目前关于不同林分类型杉木人工林植被结构对杉木水分利用过程及其水文过程影响机制的定量和系统地研究仍匮乏。因此，本研究以氢氧碳稳定同位素为技术手段，厘清不同类型杉木人工林（杉木纯林、杉木－樟树混交林和杉木－桤木混交林）中优势树种杉木的水分来源，以及其植物水与各水体之间的转化关系，定量阐明降水对不同类型杉木人工林中的贡献率、杉木水分利用率、利用效率及其主要的影响因子，为准确预测和评估亚热带地区杉木人工林对气候变化的响应及杉木人工林结构优化、提质增效和健康可持续性发展管理措施的制定提供科学的理论依据。

人工林的水文过程研究主要体现在人工林植被对水文过程的调控作用上，包括降水在林冠层的分配、凋落物层持水性、植物吸水及土壤水分入渗等，但人工林类型不同（纯林和混交林）会影响甚至改变森林生态系统的水文过程。合理的树种混交配置不仅能提高人工林的初级生产力，还可以改善水资源的合理利用与分配，增强生态系统的水文功能，有利于人工林的可持续经营和管理。

为明确不同类型杉木人工林是否以及如何影响生态系统的水文过程，本研究以我国中亚热带湖南会同地区3种不同类型杉木人工林（杉木纯林、杉木－樟树混交林和杉木－桤木混交林）为研究对象，通过分析大气降水以及各林中优势乔木（如杉木纯林中的杉木；杉木－樟树混交林中的杉木和樟树；杉木－桤木混交林中的杉木和桤木）木质部水、土壤水和浅层地下水等各水体的氢氧同位素组成，结合土壤结构、凋落物特性以及植被生物量，定量阐明不同量级降水对不同类型杉木人工林各层土壤水的贡献率；确定杉木纯林与其混交林中优势植物的水分来源，探究不同类型人工林中优势植物水分利用策略；基于生长季不同类型人工林中优势植物叶片碳同位素（$\delta^{13}C$）组成，定量分析杉木纯林与其混交林中杉木的长期水分利用效率，辨析其关键的调控因子；结合植物群落特征、土壤理化性质及凋落物层水文功能，初步揭示杉木水分利用机制及杉木人工林对关键水文过程的调控作用，为我国亚热带地区杉木人工林结构优化和可持续性经营管理提供科学的理论依据（图1-2）。

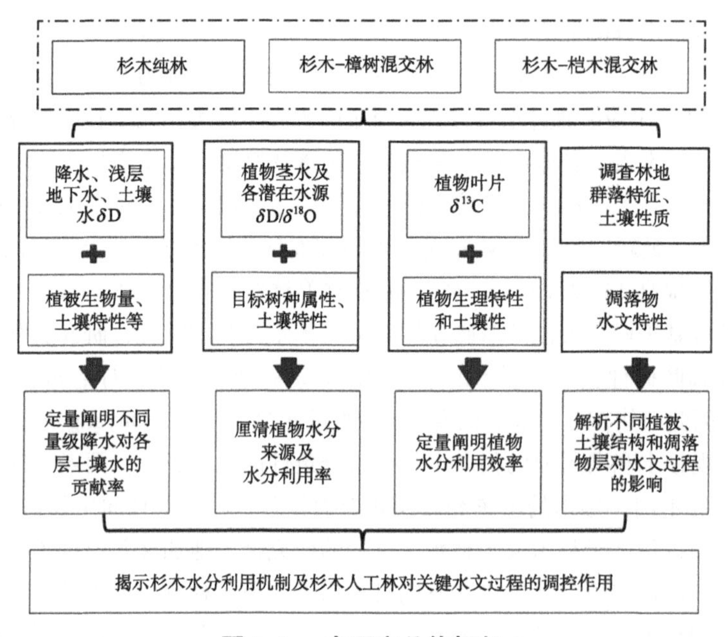

图1-2　本研究总体框架

第二章

研究区概况及研究方法

第一节　研究区概况

研究区位于我国中亚热带湖南会同县磨哨林区，地处沅江上游，为云贵高原向江南丘陵过渡地段，海拔 300 ～ 600 m，属于典型的亚热带湿润季风气候，年均温 16.5℃，相对湿度 30% ～ 90%；年均降水量 1200 ～ 1400 mm，多集中在 4 ～ 6 月；无霜期 300 天左右，地貌为山地丘陵（隋明浈等，2020）。以石栎属（*Lithocarpus*）和栲属（*Castanopsis*）为建群种的亚热带常绿阔叶林是该地区原有地带性森林植被，但由于人为活动的影响，目前主要是以杉木、马尾松为主的人工纯林以及其针阔混交林，另外还有以樟树、青冈（*Cyclobalanopsis glauca*）、枫香（*Liquedambar formosana*）等为主的次生常绿阔叶林。土壤类型为山地黄壤（砂砾 11.4%、粉粒 44.8%、黏粒 43.8%），呈酸性（Wang and Wang, 2008; Wang *et al*., 2017b）。

第二节　研究方法

一、研究样地的设置

本研究样地设在湖南省会同县中国科学院会同森林生态系统国家野外观测研究站（26° 48′ N，109° 30′ E），为探究不同类型杉木人工林对土壤质量及养分循环的长期影响，1989 年秋，第一代杉木林被伐后，湖南会同森林生态站种植了杉木纯林、杉木与常绿阔叶树种的混交林并将其作为长期研究样地（图 2-1）。本研究选取的杉木人工林为 1990 年早春建立的杉木二代纯林、杉木 - 樟树混交林和杉木 - 桤木混交林，每种类型人工林的面积约 2.5 hm^2，混交林中杉木与阔叶树的混交比例为 4 ∶ 1，种植密度为 2000 株 /hm^2，造林前 3 个林地具有相同的土壤性质，造林后各林分管理措施一致（Wang and Wang, 2008）。我们在 3 个不同林分类型杉木人工林样地内随机设置 3 ～ 5 个 20 m × 20 m 的样方，以调查各样地植物群落特征，样方间距大于 50 m，并远离各杉木人工林的边界。各研究样地基本概况见

表 2-1 和图 2-1，3 种不同类型杉木人工林乔木层优势树种为杉木、樟树、桤木；林下灌木主要有杜茎山（*Maesa japonica*）、火力楠（*Michelia macclurei*）、紫麻（*Oreocnide frutescens*）、木荷（*Schima superba*）等，林下草本主要有狗脊蕨（*Woodwardia japonica*）、金星蕨（*Parathelypteris glanduligera*）和芒尖薹草（*Carex doniana*）、淡竹叶（*Lophatherum gracile*）等。在本研究期间，除开展植物群落调查和采集同位素样品外，无其他人为干扰。

表 2-1　3 个不同类型杉木人工林研究样地概况

森林类型	地理位置	密度（株 /hm^2）	海拔（m）	坡向	林龄（年）	郁闭度（%）	主要植物组成
杉木纯林（PC）	26° 51′ 07″ N 109° 36′ 08″ E	860 ～ 990	553.1	西南	29	0.79	乔木层：杉木 灌木层：伴生少量的杜茎山、绿叶爬山虎、火力楠 草本层：狗脊蕨、菝葜、芒尖薹草等
杉木 - 樟树混交林（MCC）	26° 50′ 58″ N 109° 36′ 20″ E	850 ～ 985	484.5	西南	29	0.84	乔木层：杉木、樟树 灌木层：杜茎山、绿叶爬山虎等 草本层：狗脊蕨、金星蕨、淡竹叶等
杉木 - 桤木混交林(MCA)	26° 50′ 59″ N 109° 36′ 24″ E	850 ～ 980	493.8	西南	29	0.80	乔木层：杉木、桤木 灌木层：杜茎山、绿叶爬山虎、木荷等 草本层：狗脊蕨、金星蕨、粉叶菝葜等

杉木纯林

杉木–樟树混交林

杉木–桤木混交林

图 2-1　研究样地示意图

二、土壤物理性质的测定

在杉木纯林、杉木 - 樟树混交林和杉木 - 桤木混交林样地内各样方（20 m × 20 m）中，分别挖 3 个典型的深度为 1 m 的土壤垂直剖面，从上至下，每隔 20 cm 分为一层，在每一土层中间位置用 100 cm^3 的环刀取原状土样，并用胶带密封以防止水分流失，带回实验室后，根据《土壤理化性质分析》，测定其土壤容重、孔隙度和田间持水量等。

三、气象因子的观测

本研究的气象数据如水汽压（hPa）、海平面气压（hPa）、降水量（mm）、林内林外的气温（℃）和相对湿度（%）等气象数据由会同生态站提供。

四、同位素样品的采集及测定

（1）水同位素样品的采集

降水：在距 3 个不同类型杉木人工林附近（约 100 m）的空地（会同森林生态站气象观测站附近的空旷地）随机放置 2 个雨量筒，并在每个雨量筒上方放一漏斗，漏斗内各放一个乒乓球以避免降水同位素蒸发分馏。在采样期间，每天 7:00 和 19:00，各收集一次大气降水，每次将 2 个雨量筒中采集的降水均匀混合后，立即装入标记编号的 4 mL 玻璃采样瓶，作为当日的大气降水样品。

地表径流和溪水：在生态站专门设置的地表径流收集系统内采集地表径流，降水后若在该系统中产生地表径流则收集地表径流同位素样品，与降水的采样时间一致。溪水在 3 个不同类型杉木人工林附近的溪流出口处采集。

浅层地下水：在生态站附近水井采集系统内收集浅层地下水。每月上旬、中旬和下旬各采集一次。

（2）固体同位素样品的采集

降水事件选择：根据小雨（5 mm ＜降水量≤ 10 mm）、中雨（10 mm ＜降水量≤ 25 mm）和大雨（降水量＞ 25 mm）的气象标准，在研究期间选择 3 次不同量级降水事件[降水事件Ⅰ：2020 年 8 月 1 日，降水 8.5 mm（小雨）；降水事件Ⅱ：2019 年 9 月 18 日，降水 15.5 mm（中雨）；降水事件Ⅲ：2019 年 9 月 26 日，降水 36.9 mm（大雨）]。除降水事件Ⅱ后 7 天内无降水外，降水事件Ⅰ和降水事件Ⅲ均为降水后 11 天内无雨水干扰。每次降水事件前分别采集 1 次不同层次土壤和优势植物茎（木质部）的氢氧同位素样品为对照，雨后每天连续采集样品直至下一次降水事件发生，各层次土壤和植物茎（木质部）的氢氧同位素样品采集均在上午 8:00 ～ 10:00 完成。

植物茎（木质部）：在不同类型杉木人工林样地内分别选择 3 株生长良好、长势相近的优势乔木（如杉木纯林中的杉木；杉木 - 樟树混交林中的杉木和樟树；杉木 - 桤木混交林中的杉木和桤木）为重复，分别采集每棵植株阳面中部两年生以上 3 ～ 4 cm 长的植物茎（木质部）样品 3 ～ 5 段，采集后立即放入提前标记编号的 8 mL 玻璃采样瓶内密封保存，用于植物茎（木质部）水提取测定和分析。

土壤：在采集杉木等优势乔木的植物茎（木质部）同位素样品植株附近，用取样器按 20 cm 的间隔钻取土壤剖面各层土壤样品（共分 5 层：0 ～ 20 cm、20 ～

40 cm、40 ～ 60 cm、60 ～ 80 cm、80 ～ 100 cm）。取每层土壤样品的一部分立即放入提前标记编号的 4 mL 璃采样瓶中密封，用于土壤水的提取和测定；剩余土壤放入提前标记编号的铝盒中，用于土壤含水量（SWC，%）的测定。

上述各种水体、土壤和植物茎（木质部）的氢氧同位素样品密封后在野外存放在便携式低温保温箱内（-5 ～ 0℃），采样完成后立即运往生态站实验室，置于 -18℃冰柜中冷冻保存。

（3）植物叶片碳同位素样品的采集及预处理

在 2019 年生长季（5 ～ 10 月）每月采集优势树种叶片碳同位素样品（与测定光合气体交换参数和叶片清晨水势同时进行）。在每个样方内分别选取 3 株生长良好、长势相近且具有代表性的优势乔木（杉木纯林：杉木；杉木 - 樟树混交林：杉木、樟树；杉木 - 桤木混交林：杉木、桤木）为重复，在每株优势乔木阳面中部枝条上，采集同一高度生长良好、健康无损的叶片 50 片左右，将同一样方内同种植物的叶片均匀混合为 1 个样品，放入透气性良好的信封中，作为该优势植物的叶片碳同位素样品，每个样地每种植物 3 个重复。将采集的叶片样品带回实验室，经 105℃杀青、60℃烘干后粉碎研磨并过 80 目筛，预处理后的植物叶片样品置于干燥处保存备用。

（4）碳氢氧同位素样品的测定与分析

在测试前，先将各层土壤和植物茎（木质部）样品内的水分通过低温真空蒸馏系统抽提（West *et al*., 2010）。抽提后的土壤水和植物水以及采集的各水体采用 MAT 253 同位素比率质谱仪和 Flash 2000 元素分析仪进行测定分析。预处理后的优势树种叶片碳同位素样品则通过总有机碳分析仪 vario TOC select 耦联二氧化碳同位素分析仪 CCIA-38-EP 完成测定与分析。δD、δ^{18}O 和 δ^{13}C 的测试精度分别为 ±1‰、±0.2‰ 和 ±0.2‰。

五、植物属性等相关参数的测定

（1）生物量的测定

乔木层生物量计算前，首先测定每个样方内所有乔木的树高和胸径（1.3 m），其次将测定的参数代入湖南会同森林生态站提供的杉木、樟树、桤木的异速生长方程得到各株乔木的地上生物量，然后，将所有乔木生物量加和以计算每个样方乔木层的生物量。杉木叶片生物量则通过杉木树种的异速生长方程得到。灌木层生物量，通过在每个杉木人工林样地的中心和四角设置 5 m × 5 m 样方，调查样方内所有灌木的株高和基径，将各参数代入相应树种的生长方程以计算灌木层地上生物量。草本生物量则采用全株收获法测定，在各研究样地内土壤氢氧同位素样品采集点附近，设置 1m × 1m 的小样方，将样方内所有草本植物收获，105℃下杀青 30 min 后，于 85℃下烘干至恒重以测定草本层生物量。此外，在采集草本层生物量的样方中用根钻法（直径为 10 cm）由上至下以 20 cm 为一层分 5 层，采集各层所有植物的根系，经挑选、洗净后，在 85℃下烘至恒重以测定其根系生物量。

（2）清晨叶片水势和光合气体交换参数的测定

清晨叶片水势：在晴天的 5:00 ～ 6:00，使用 WP4C 水势仪测定各样地样方中优势树种叶片的清晨水势，WP4C 的测量精度为 ±0.05MPa。具体步骤，从采集的优势乔木（如杉木纯林中的杉木；杉木－樟树混交林中的杉木和樟树；杉木－桤木混交林中的杉木和桤木）叶片碳同位素样品（即同一枝条或相邻阳面枝条上剪取叶片）放入便携式保温箱，半小时内运回实验室后立即在 WP4C 的连续模式下测定。每一降水事件采样期间，从采集的优势乔木茎（木质部）样品同一枝条上或相邻阳面枝条上选取叶片，测定叶片的清晨水势。

光合气体交换参数：2019 年生长季（5 ～ 10 月）（与叶片碳同位素样品采集同时进行）从采集叶片碳同位素样品同一枝条或相邻阳面枝条上选取成熟杉木叶片，在晴天的 6:00 ～ 18:00（每隔 2 h 测定 1 次），用 Li-6400 便携式光合仪测定不同类型杉木人工林中优势乔木（如杉木纯林：杉木；杉木－樟树混交林：杉木、樟树；杉木－桤木混交林：杉木、桤木）的光合气体交换参数。降水事件采样期间测定各人工林中优势乔木的光合气体交换参数。每个样地每种植物分别选取 3 株（3 个重复），每株植物分别选取 3 个枝条叶片进行测定。当 ΔCO_2 波动小于 0.2 μmol/mol，光合参数变化小于 0.1 μmol/mol 时，说明叶片达到生理稳态，然后记录数值，为减小测量误差，每个枝条上的叶片，重复测定 3 次后，取其平均值。混交林中光合生理参数为生长季各月份混交林中杉木的瞬时气体交换参数的均值。

（3）优势植物根系分布的调查

在 3 个不同类型杉木人工林各样地样方内分别选择生长良好且具有代表性的标准优势木（如杉木纯林中的杉木；杉木－樟树混交林中的杉木和樟树；杉木－桤木混交林中的杉木和桤木）各 3 株，在每株乔木树干基部 0.5 ～ 1 m 处沿 3 个方向（相邻角度 120°）分别挖一个 1 m 的土壤剖面，以 20 cm 的间隔分五层，从每层相同位置取 30 cm（长）× 30 cm（宽）× 20 cm（高）的立方体土体，经破碎过 0.01 mm 筛后分别收获优势乔木的根系，收获的根系先用清水快速洗净，擦干后再用游标卡尺测量各林中优势乔木的根系直径，并根据细根≤ 2 mm、2 mm ＜中根≤ 5 mm、粗根＞ 5 mm 的标准进行分类，称其鲜重后于 85℃下烘至恒重，最后计算 3 个不同类型杉木人工林中各优势树种在不同层位土壤中粗根、中根和细根的生物量。

六、凋落物的采集与水文特性的测定

研究期间在 3 个不同类型杉木人工林研究样地内按梅花形分别随机设置 5 个 1 m × 1 m 的小样方（无凋落物框），在每个小样方内沿对角线选取 3 个点测定各凋落物层厚度，在各小样方内保持原状按照未分解层（凋落物颜色出现细微变化，枝叶结构基本完整，无分解迹象）、半分解层（凋落物多数已分解破碎，未完全腐烂，肉眼可分辨出枝叶大体形状）收集凋落物（张洪江等，2003），随即带回实验室称重，于 85℃下烘干称重，计算单位面积凋落物现存量。

采用浸泡法测定未分解层、半分解层凋落物持水量、持水速率以及持水过程（张洪江等，2003）。在保持凋落物原状的条件下，从每个小样方烘干的凋落物样品中称取 50 g，装入 100 目尼龙网袋，分别于吸水 0.25、0.5、1、1.5、2、4、6、8、10、12、24 h 后取出静置，待无水滴滴下时迅速称重。根据不同浸水时间凋落物质量变化，计算其持水量、吸水速率、最大持水率、拦蓄量和有效拦蓄量等指标（袁秀锦等，2018；张志兰等，2019）。

七、统计分析

（1）降水对不同层位土壤水贡献率的计算

首先，根据土壤水 δD 与各潜在水源 δD 的组成的分析，明确各林地土壤水分的来源（Lin *et al.*, 1996）。经分析，厘清研究区杉木人工林土壤水的两个水源端分别为浅层地下水和降水。然后根据两元线性混合模型量化各水源对各杉木人工林土壤水的贡献比例（White *et al.*, 1985）。因此，降水对不同类型杉木人工林不同层位土壤水的贡献率（CRSW）可依据以下方程计算：

$$\delta D_{SW}=f_R\times\delta D_R+f_{SG}\times\delta D_{SG} \tag{2.2}$$

$$f_R+f_{SG}=1 \tag{2.3}$$

$$CRSW=\frac{\delta D_{SW}-\delta D_{SG}}{\delta D_R-\delta D_{SG}}\times100\% \tag{2.4}$$

式中：f 为各水源对土壤水的贡献比例，SW、SG 和 RCRSW 分别代表土壤水、浅层地下水和降水对土壤水的贡献率。方程（2.4）由方程（2.2）和方程（2.3）推导而来。

（2）优势树种水分利用率的计算

不同类型杉木人工林中优势树种从各潜在水源中获取水分的百分比，利用贝叶斯混合模型（MixSIAR）定量计算（Wang *et al.*, 2017a）。计算过程中载入 MixSIAR 模型的“混合数据 Mixture data”为林中优势树种木质部水氢氧同位素的均值和标准差，“源数据 Source data”则为对应林地各层土壤水氢氧同位素的均值和标准差。因为一般植物根系在吸水过程中 δD 和 $\delta^{18}O$ 不分馏（Ehleringer and Dawson, 1992），所以将分馏系数设为“0”。将模型中“MCMC”的运行长度设为“long”。此外，“uninformation/Generalist”和“Residual only”被指定为“优先级 Specify prior”和“错误结构 Error structure”。通过“Gelman-Rubin”和“Geweke”对模型的收敛性进行检验（Wang *et al.*, 2017a）。

（3）植物水分利用效率的计算

根据方程（2.5）和方程（2.6）分别计算叶片的 $\Delta^{13}C$（^{13}C 同位素分辨率）和 WUE（水分利用效率）：

$$\Delta_{13}C(‰)=\frac{\delta_{13}C_{air}-\delta_{13}C_{plant}}{1+\delta_{13}C_{plant}}\times1000 \tag{2.5}$$

$$WUE=\frac{Ca\,(b-\Delta_{13}C)}{1.6(b-a)} \tag{2.6}$$

式中：$\delta^{13}C_{air}$ 和 $\delta^{13}C_{plant}$ 分别表示大气的 $\delta^{13}C$ 值（-8.0‰）和植物样品的 $\delta^{13}C$ 值（Farquhar and Richards, 1984）。a（4.4）和 b（27）分别是 CO_2 通过气孔和 RuBP 羧化酶对 $^{13}CO_2$

造成的分馏。常数 1.6 指大气中水蒸气和二氧化碳的扩散比（Farquhar and Richards，1984）。

（4）全球其他气候带植物 $\delta^{13}C$ 值的收集

为比较亚热带杉木 $\delta^{13}C$ 在全球其他气候带植物叶片 $\delta^{13}C$ 中的水平，作者通过 Web of Science、谷歌学术（Google Scholar）和知网等检索系统收集了目前已公开发表的不同树种叶片 $\delta^{13}C$ 的文献 20 篇（表 2-2），整理全球其他气候带地区（包括热带地区、温带和北方森林干旱及半干旱地区）主要树种叶片 $\delta^{13}C$ 均值，各文献中叶片 $\delta^{13}C$ 均值从文章中表格和图片获取，其中图片中的数据则通过软件 Engauge Digitizer（Inc., Boston, MA, USA）提取。

表 2-2　整合分析中参考文献的详细信息

地理位置 / 植被类型	叶片 $\delta^{13}C$ 均值（‰）	测定树种株数	年均降水量（mm）	参考文献
热带地区	-32.2	353	2052	Ometto *et al.*, 2006
热带地区	-32.2	634	2800	Lins *et al.*, 2016
热带地区	-29.9	112	1565	Leffler *et al.*, 2002
热带地区	-31.5	204	2600	Kenzo *et al.*, 2015
热带地区	-30.9	61	3700	Nagy *et al.*, 2000
热带地区	-31.4	46	1350	Huang *et al.*, 2015
温带地区	-27.4	—	1065	Du *et al.*, 2021
北方森林	-27.4	110	472	Brooks *et al.*, 1997
温带地区	-28.9	61	651	Grossiord *et al.*, 2014
温带地区	-27.7	9	600	Yang *et al.*, 2022a
温带地区	-26.7	27	545	Zheng and Shanguan, 2007
温带地区	-27.0	30	795	Chevillat *et al.*, 2005
温带地区	-27.1	—	1130	Hanba *et al.*, 1997
半干旱地区	-22.1	30	298	Querejeta *et al.*, 2008
半干旱地区	-23.6	30	510	Adams *et al.*, 2014
半干旱地区	-25.8	15	498	Tateno *et al.*, 2017
半干旱地区	-28.1	12	321	Lv *et al.*, 2022
干旱地区	-26.6	31	487	Sandquist *et al.*, 2007
干旱地区	-24.6	—	180	Pan *et al.*, 2020
干旱地区	-28.2	18	900	Sobrado *et al.*, 1997

（5）数据的统计分析

运用 Pearson 相关分析以确定降水氢、氧同位素值和过量氘（*d*）与气象因子的相关性。

计算降水对不同类型杉木人工林不同层位土壤水的贡献率（CRSW）。使用 IBM SPSS 25.0 软件对 CRSW、植被生物量、凋落物特性、根系生物量和土壤性质进行单因素方差分析，使用 Duncan 法进行多重比较。为避免植被生物量、凋落物性质和土壤性质中各指标之间的自相关，我们通过主成分分析（PCA）建立多元函数指数来代表每个解释组，并通过 Pearson 相关分析探究各个解释变量与 CRSW 之间的关系。第一主成分分别解释了植被生物量、凋落物性质和土壤性质总方差 72.72%、85.69% 和 90.61% 的变异。最后，将植被生物量、凋落物特性和土壤性质的第一主成分（PC1）和根系生物量作为新的变量纳入结构方程模型，使用 IBM SPSS Amos 24 分析确定各因子的相互作用关系及其在调控 CRSW 中的相对贡献。降水对不同类型杉木人工林不同层位土壤水的贡献率（CRSW）的概念模型见图 2-2。通过 *P* 值、Chi-Square 检验（χ^2）、拟合优度指数（GFI）、近似均方根误差（RMSEA）等评估结构方程模型的拟合度，未考虑随机效应。

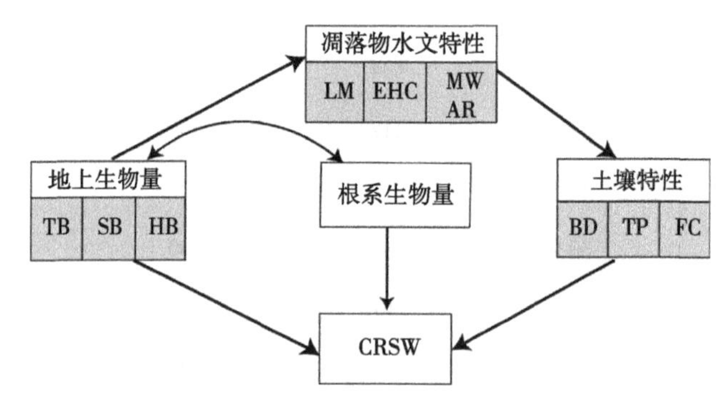

图 2-2　各参数对 CRSW 影响的结构方程概念模型

注：TB 为乔木生物量；SB 为灌木生物量；HB 为草本生物量；LM 为凋落物生物量；EHC 为有效拦蓄能力；MWAR 为最大吸水速率；BD 为容重；TP 为总孔隙度；FC 为田间持水量；CRSW 为降水对土壤水贡献率。

计算各杉木人工林中优势树种对潜在水源的利用率。使用 IBM SPSS 25.0 软件对不同人工林中杉木茎木质部水的氢氧同位素组成、杉木对各层土壤水利用率、光合生理参数、清晨叶片水势、各层土壤含水量和杉木细根生物量进行单因素方差分析，运用 Duncan 法进行多重比较。使用 Pearson 相关分析，以确定植物变量和土壤相关参数与杉木对各层土壤水利用率的相关性。使用 R 软件（版本 4.1.0）中的“randomForest”软件包计算上述各预测因子均方误差（MSE）增加的百分比，以代表其相对重要性。使用“rfPermute”软件包评估每个预测因子的重要性。

计算不同类型杉木人工林中优势树种的水分利用效率（WUE）。使用 IBM SPSS 25.0 软件对 $\delta^{13}C$、WUE、光合生理特性和土壤变量（容重、总孔隙度、有机质、土壤含水量和田间持水量）进行单因素方差分析，使用 Duncan 法进行多重比较。然后，采用 Pearson 相关分析探究上述植物和土壤变量与 WUE 之间的相关性。使用 R 软件（4.1.0）中的“lavaan”

包分析植物和土壤变量影响 WUE 的路径及其对 WUE 的相对重要性。杉木植物水分利用效率的结构方程概念模型见图 2-3。通过 P 值、χ^2、GFI、RMSEA 评估模型的拟合度。

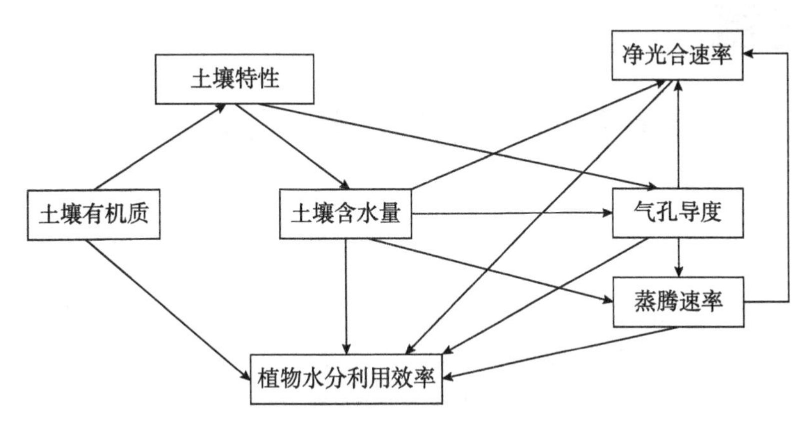

图 2-3 杉木水分利用效率的结构方程概念模型

第三章

大气降水氢氧同位素特征及水汽来源

降水是陆地生态系统水循环过程的重要环节（李佳奇等，2022），同时也是森林生态系统水文过程的输入端，降水氢氧同位素组成为生态系统水文过程对气候变化响应的解译提供了许多有价值的信息（Wright *et al.*, 2001；Zhang and Wang, 2016；Cai *et al.*, 2018）。然而，降水的时空分布和季节变化会导致大气降水氢氧同位素组成存在强烈的时空差异（Araguás-Araguás *et al.*, 1998）。一般认为，降水中 δD 和 δ^{18}O 主要受水分子特性（蒸发、凝结）、水汽源区条件和地理环境因子（纬度、海拔、气象条件）等多种因素的影响（李亚举等，2011）。为阐明我国不同地区大气降水 δD 和 δ^{18}O 的时空变化规律，解析区域水循环过程，近几十年来，一些学者在我国诸多区域展开相关大气降水氢氧同位素特征研究（章新平和姚檀栋，1994；吴华武等，2022）。如在西南地区的研究表明，该地区降水 δ^{18}O 整体上呈"夏高冬低"的变化趋势，但不同地区大气降水的过量氘值变化不同，如贵阳和桂林降水中过量氘呈"夏低冬高"的变化特点，相反，成都和昆明则表现为"夏高冬低"趋势（朱磊等，2014）。杨尕红等（2022）通过构建降水 δ^{18}O 的同位素景观图谱，揭示黄土高原地区降水氢氧同位素的空间分布特征及其年际变化。另外，基于中国降水同位素网络（CHNIP）对东部季风区降水氢氧同位素的研究表明，降水 δD（δ^{18}O）的主要影响因子在不同区域有所不同，其中，在东北地区降水 δ^{18}O 主要受纬度的影响，在南部地区和华北地区则主要受地面高程的影响，同时"降水量效应"从南向北由全年显著转为主要降水期显著，但"温度效应"从南向北逐渐增强（柳鉴容等，2009）。综上所述，前人已经对我国局域大气降水氢氧同位素变化特征和空间分布格局进行了大量研究，其中包括地形和气象条件复杂的亚热带地区（吴华武等，2022）。然而，由于局域环境和气象条件的差异，同一区域不同时间尺度下大气降水的氢氧同位素组成可能存在较大差异，因此，局域地区大气降水的氢氧同位素组成变化规律仍需在长时间尺度上进一步研究。

为此，本章节基于湖南会同地区在 2017 年 10 月至 2020 年 10 月期间收集的 210 个大气降水样品 δD 和 δ^{18}O 的实测数据，同时结合月均水汽压、月均降水量、月均温度等气象因子，探究该地区大气降水氢氧同位素的变化特征及其主要的影响因子，旨在为该地区杉木人工林生态系统水文过程的深入研究提供理论基础，同时有助于理解我国亚热带地区的森林生态系统水文过程与机制。

第一节 大气降水线

由图3-1可知，在2017年10月至2020年10月研究期间，湖南会同大气降水 δD（δ^{18}O）大多落在全球大气降水线（GMWL）的左上方。基于研究区降水 δD、δ^{18}O 组成，利用最小二乘法拟合得出该地区大气降水线（图3-1），研究表明采样期间内会同地区大气降水线（LMWL）方程为：$\delta D = 7.43\delta^{18}O + 12.39$（$n = 210$，$R^2 = 0.90$，$P < 0.01$）。不同地区自然地理条件、环境因子及水汽来源的差异致使该地区 LMWL 的斜率和截距不同程度的偏离 GMWL。本研究中，与 GMWL 相比，研究期间该地区大气降水线的斜率偏低［图3-1（a）］。

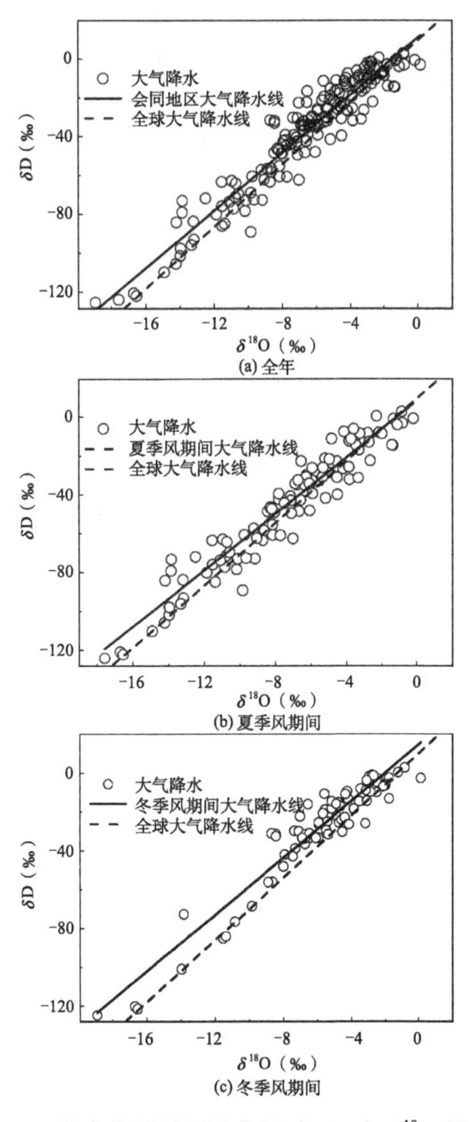

图3-1 湖南会同地区大气降水 δD 与 δ^{18}O 的关系

2017 年 10 月至 2020 年 10 月会同地区夏季风期间（5 ～ 10 月）降水线方程为 $\delta D = 7.25\delta^{18}O + 8.77$（$n = 120$，$R^2 = 0.91$，$P < 0.01$）[图 3-1（b）]，冬季风期间（4 月至次年 11 月）大气降水 δD 和 $\delta^{18}O$ 的散点大多分布在全球大气降水线右上方 [图 3-1（c）] 其大气降水线方程为 $\delta D = 7.30\delta^{18}O + 14.69$（$n = 90$，$R^2 = 0.89$，$P < 0.01$）。研究期间不同季风期间会同大气降水线的斜率相差不大，但夏季风期间 LMWL 的截距明显低于冬季风期间 LMWL 的截距。

第二节　大气降水 δD（$\delta^{18}O$）和气象因子的月动态变化

湖南会同大气降水 δD 和 $\delta^{18}O$ 的变化范围分别为 -124.79‰ ～ 2.81‰ 和 -18.91‰ ～ 0.14‰，两者的均值分别为 -38.07‰ 和 -6.79‰（图 3-2，表 3-1），介于全国大气降水 δD 和 $\delta^{18}O$ 的变化范围内（郑淑蕙等，1983）。2017 年 10 月至 2020 年 10 月，夏季风期间（5 ～ 10 月）会同地区大气降水 δD 均值（-45.82‰）低于冬季风期间（4 月～次年 11 月）降水 δD 均值（-27.73‰），该地区大气降水 $\delta^{18}O$ 均值也呈现相似的变化规律，即夏季风期间其 $\delta^{18}O$ 均值（-7.53‰）明显低于冬季风期间 $\delta^{18}O$ 均值（-5.81‰）。由图 3-3 可知，2017 年 10 月至 2020 年 10 月该地区大气降水多集中在 4 ～ 7 月，月均相对湿度无明显的季节变化，全年相对湿度较高（均值为 83.83%），月均气温表现为“夏季高、冬季低”的特征，水热变化一致，具有明显的亚热带季风气候特点。

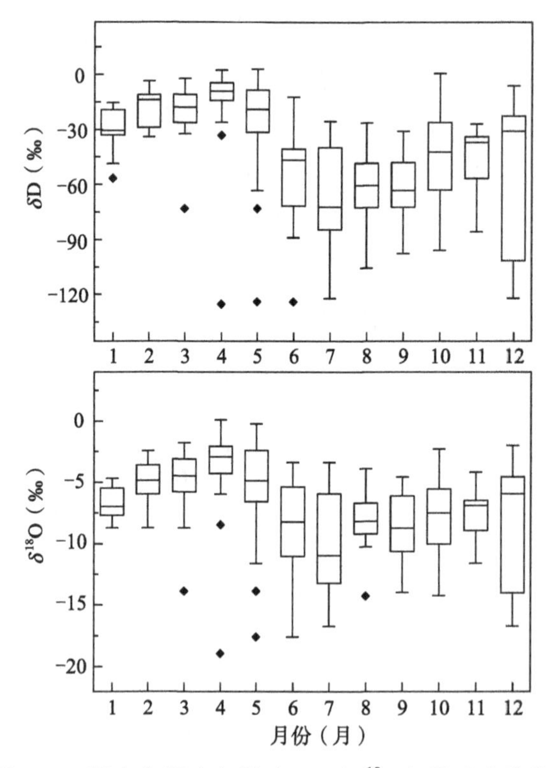

图 3-2　湖南会同大气降水 δD（$\delta^{18}O$）月动态变化

表 3-1　湖南会同地区大气降水 δD（δ^{18}O）的变化

季节	δD 均值（‰）	δ^{18}O 均值（‰）	*d*-excess 均值（‰）
夏季风	−45.82	−7.53	14.03
冬季风	−27.73	−5.81	19.01
全年	−38.07	−6.79	16.27

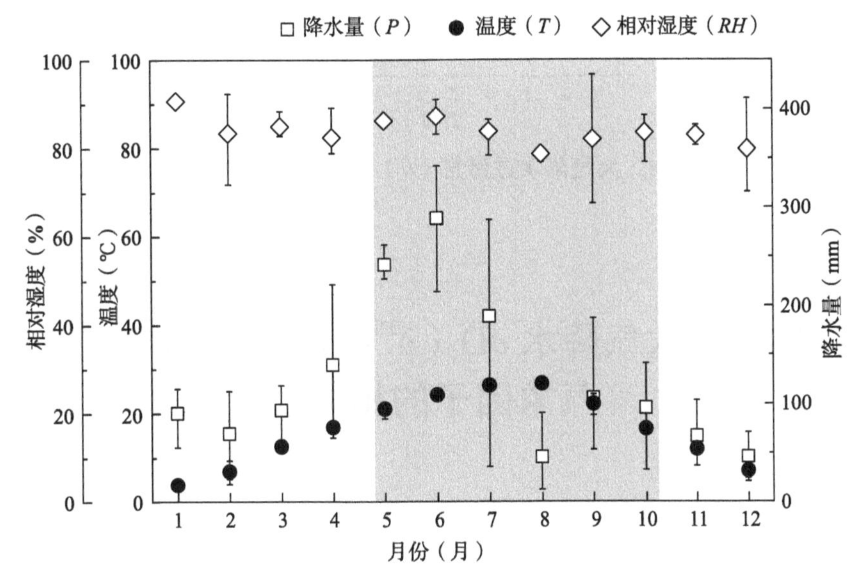

图 3-3　2017 年 10 月至 2020 年 10 月研究期间湖南会同地区气象因子（降水量、温度、相对湿度）月动态的变化

第三节　过量氘（*d*）月动态变化

过量氘（*d*）（$d = \delta D - 8\delta^{18}O$）可指示地区大气降水线相对于全球大气降水线的偏离程度（Dansgaard, 1964）。从图 3-4 和表 3-1 可知，研究期间该地区大气降水过量氘（*d*）月均值介于 -9.59‰ ～ 38.27‰，全年尺度的均值为 16.27‰，较全球 *d* 均值（10‰）高。会同地区大气降水过量氘（*d*）存在明显的季节差异，夏季风期间（5 ～ 10 月）偏低（均值为 14.03‰），冬季风期间（4 月至次年 11 月）偏高（均值为 19.01‰）。

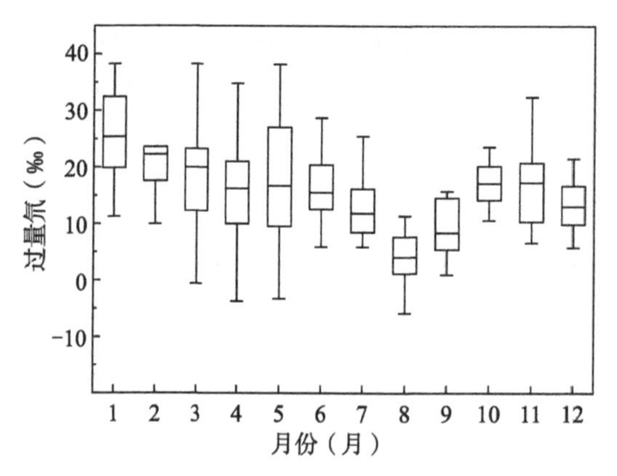

图 3-4 大气降水过量氘（*d*）加权月均值动态变化

第四节 大气降水 δD（$\delta^{18}O$）、过量氘（*d*）与气象因子的相关性

从表 3-2 可知，研究期间月尺度上，湖南会同地区大气降水中 δD、$\delta^{18}O$ 值与月均水汽压呈显著负相关。相似地，会同大气降水 δD 与月均气温、露点温度也存在显著的负相关。过量氘与月均水汽压、月均海平面气压和月均相对湿度均呈显著的正相关，而与月平均气温和月平均露点温度呈显著的负相关。

表 3-2 大气降水 δD（$\delta^{18}O$）、过量氘与气象因子的相关性

变量	水汽压（hPa）	海平面气压（hPa）	气温（℃）	露点温度（℃）	相对湿度（%）	降水量（mm）
δD	-0.40*	-0.31	-0.43**	-0.43**	0.07	-0.10
$\delta^{18}O$	-0.34*	0.13	-0.25	-0.28	-0.08	-0.12
过量氘	-0.21	0.52**	-0.54**	-0.47**	0.44**	0.07

注：* 和 ** 分别表示 $P < 0.05$ 和 $P < 0.01$。

第五节 讨论

一、大气降水氢氧同位素特征及其影响因素

整合分析湖南会同邻近地区大气降水线方程信息发现（表 3-3），同一地区不同时期大

气降水线的斜率也会存在差异，如李广等（2015）发现长沙地区大气降水线斜率为 8.84，而 Wu 等（2015）研究表明 2010 年至 2011 年该地区大气降水线的斜率为 8.45，究其原因可能与不同时期降水水汽来源及环境条件的差异有关。本研究中，采样期间湖南会同大气降水线的斜率（7.43）小于邻近地区长沙（8.84 和 8.45）、贵阳（8.82）、桂林（8.38 和 8.8）和全球大气降水线的斜率（8）（Wu *et al.*, 2015；朱磊等，2014；朱晓燕等，2017），表明会同地区降水产生过程中受非平衡分馏的影响（李亚举等，2011）。会同地区大气降水线斜率小于 8 的原因主要有两个方面：一是云下二次蒸发作用的影响（李佳奇等，2022）；二是除海洋水汽外，还受其他水汽源的干扰（隋明浈等，2020）。以往的研究表明，该地区的大气降水除受海洋水汽的影响外，还与陆地混合水汽（包括亚洲内陆、蒙古和俄罗斯）与近地面蒸散水汽有关（隋明浈等，2020）。本研究中，降水 δD 和 δ^{18}O 与水汽压和气温的相关性进一步证实了上述推断。在局域尺度上，大气降水中 δD 与 δ^{18}O 主要受温度、降水和水汽的控制（Liu *et al.*, 2014）。通过分析发现，温度是影响会同地区降水 δD 变化的主要因子。在月尺度上，会同大气降水 δD 与月均气温呈负相关，表现出“反温度效应”，这与经典的“温度效应”不一致（Dansgaard, 1964），该现象可能与其所处的纬度位置有关。许多研究指出，“反温度效应”在中低纬度的亚热带季风区较为常见（Xie *et al.*, 2011；张蓓蓓等，2017）。本研究湖南会同处于亚热带中低纬度地区，受亚热带季风气候的影响，降水量变化大，再加上云底蒸发、相对湿度和成雨温度等各类气象因子的影响，抑制了“温度效应”，从而表现出“反温度效应”。

表 3-3　湖南会同邻近地区大气降水线方程

地区	大气降水线方程	相关系数	采样时间段	参考文献
昆明	$\delta D = 6.56\delta^{18}O-2.96$	0.91	1986—2003 年	朱磊等，2014
贵阳	$\delta D = 8.82\delta^{18}O+22.07$	0.98	1988—1992 年	朱磊等，2014
成都	$\delta D = 7.36\delta^{18}O+0.12$	0.93	1986—1999 年	朱磊等，2014
桂林	$\delta D = 8.38\delta^{18}O+16.76$	0.98	1983—1990 年	朱磊等，2014
桂林	$\delta D = 8.8\delta^{18}O+17.96$	0.97	2012 年	朱晓燕等，2017
长沙	$\delta D = 8.84\delta^{18}O+18.6$	0.98	2012—2013 年	李广等，2015
长沙	$\delta D = 8.45\delta^{18}O+17.7$	0.97	2010—2011 年	Wu *et al.*, 2015
武汉	$\delta D = 8.19\delta^{18}O+6.42$	0.97	1986—1998 年	谷金钰等，2017
全球	$\delta D = 8\delta^{18}O+10$	—		Craig, 1961

二、过量氘（*d*）及其影响因素

Dansgaard（1964）通过过量氘（*d*）将降水中的 δD 与 δ^{18}O 联系起来，表征局地降水相对于全球降水的分馏过程。过量氘（*d*）不仅能指示大气降水水汽源区汽团的蒸发状况，而且还能反映大气降水形成时的气候和地理条件（侯典炯等，2011；邓文平，2015）。本研究中，采样期间会同地区大气降水的过量氘（*d*）存在明显的季节差异，整体上呈夏季风期间低、冬季风期间高的特点，这可能与我国亚热带季风气候下不同季节该地区水汽来源不同有关。夏季风期间，该地区的大气降水主要由相对湿润海洋水汽主导，从而导致其过量氘（d）偏贫化；而冬季风期间，该地区的大气降水主要来自由西风带输送的来自内陆的干燥水汽，蒸发大，湿度小，致使过量氘（d）偏富集（隋明浈等，2020；吴华武等，2022）。研究发现，会同地区大气降水过量氘（d）与月均海平面水汽压、月均气温和月均相对湿度均存在显著的相关关系，这进一步印证了该地区水汽来源的多样性。值得注意的是，本研究中过量氘（d）受相对湿度的强烈控制，与在青藏高原玛多地区（Ren *et al.*, 2013）和安徽安庆地区（张蓓蓓等，2017）的研究结论基本一致。研究表明，空气湿度大于 85% 的情况下会使水汽循环加快，加速同位素的交换反应，致使水分子中的过量氘（d）富集（Hoefs, 1980）。在采样期间，本研究区有 43% 的月份平均相对湿度大于 85%，因此，湖南会同大气降水过量氘（d）值在月尺度上偏富集。

通过探究湖南会同地区降水 δD、δ^{18}O 和过量氘的变化特征及其与气象因子的关系研究发现，会同地区大气降水线方程为 $\delta D = 7.43\delta^{18}O+12.39$（$n = 210$，$R^2 = 0.90$，$P < 0.01$），较全球大气降水线斜率偏低，表明该地区大气降水水汽来源的多样性；在年尺度上，会同地区大气降水 δD 和 δ^{18}O 及过量氘（d）值具有显著的季节波动，5 ～ 10 月夏季风期间由于海洋性湿润气团的影响，降水中 δD 和 δ^{18}O 值贫化，致使过量氘（d）值偏小；11 月至次年 4 月冬季风期间由于干燥内陆水汽气团的影响，该地区降水 δD 和 δ^{18}O 值富集，使过量氘（d）偏大；此外，过量氘（d）与月均海平面水汽压、月均气温和月均相对湿度存在显著的相关关系，强调了在长时间尺度上局地气象条件对大气降水氢氧同位素特征的强烈影响，在未来研究中应着重加以细致的研究，以揭示局地气象过程对降水的影响。

第四章

降水对杉木人工林土壤水贡献率

土壤水是理解和认识径流形成、植物吸水、蒸发蒸腾、地下水补给等水文过程动态变化的关键变量（Legates *et al.*, 2011；Penna *et al.*, 2011）。在森林生态系统中，土壤水通过影响植物生长、微生物活性、碳、氮、水循环等一系列生物地球化学过程，决定植被的结构、组成和功能（Maxwell *et al.*, 2018；Chen *et al.*, 2020a）。与此同时，地上植被也可通过参与各个水文过程影响区域土壤水的时空动态与分布格局（Zheng *et al.*, 2015；Ren *et al.*, 2018），其影响受植被类型（如纯林和混交林）和降水量级大小等因素制约。因此，在全球气候变化背景下，探究纯林和混交林土壤水分运移过程及其对降水变化的响应是生态水文学研究的主要内容。

与纯林相比，混交林除能提高森林生态系统初级生产力和碳固持潜力外（Huang *et al.*, 2018），还具有更高的抗逆性和恢复力（Pretzsch *et al.*, 2013；Metz *et al.*, 2016）。然而，混交林在调控降水分配和区域水文功能方面是否具有积极影响仍存在争议（Chen *et al.*, 2020b）。有研究表明，针阔混交林可使 0.3 ～ 1.0 m 土层的蓄水量增加 9 ～ 10 mm，显著提高林地蓄洪防旱能力（Lange *et al.*, 2013）。Silvertown 等（2015）和 Moreno - Gutiérrez 等（2012）证实混交林中的共存植物可通过水文生态位分化或“功能互补”降低水分竞争，提高水分利用效率。相反，也有研究认为，混交林会导致土壤水分的过度消耗（Yang *et al.*, 2017；Gao *et al.*, 2018a）。

本章节我们运用氢稳定同位素技术，明确不同量级降水后杉木纯林、杉木 - 樟树混交林、杉木 - 桤木混交林中土壤垂直剖面中土壤水 δD 的变化特征，量化不同量级降水对杉木人工林不同层位土壤水的贡献率，并测定分析 3 个不同类型杉木人工林的植被特征和土壤性质，结合凋落物特性，探究不同类型杉木人工林土壤截留和存蓄降水的能力是否存在差异，以剖析影响杉木人工林土壤截留和存蓄降水能力的主要调控因子。

第一节　土壤水 δD 随采样时间的动态变化

3 次不同量级降水事件后的 7 ～ 11 天内，杉木纯林、杉木 - 樟树混交林和杉木 - 桤木混交林中土壤水 δD 值皆在浅层地下水 δD 值和大气降水 δD 值之间（图 4-1），表明该地区杉木人工林的土壤水主要来源于大气降水和浅层地下水。杉木纯林和杉木 - 桤木混交林 0 ～ 60 cm

土壤水 δD 值在降水 8.5 mm（小雨）后第 1 天显著下降，表明小雨可入渗杉木纯林和杉木 - 桤木混交林 0 ～ 60 cm 土层，杉木 - 樟树混交林 0 ～ 40 cm 浅层土壤水 δD 值在小雨后第 1 天显著下降，表明小雨可入渗杉木 - 樟树混交林 0 ～ 40 cm 土壤深处，然后在降水后的 11 天内，3 个不同类型杉木人工林土壤水 δD 值逐渐增大并趋于平稳［图 4-1（a）～（c）；表 4-1］。降水 15.5 mm（中雨）和降水 36.9 mm（大雨）后第 1 天，3 个不同类型杉木人工林 0 ～ 100 cm 深处土壤水 δD 值较雨前对照值均显著降低［图 4-1（d）～（i）；表 4-1］，表明中雨和大雨可入渗 100 cm 深处土壤，在雨后 7 ～ 11 天内随采样时间的增加逐渐上升并趋近于雨前土壤水 δD 值（图 4-1（d）～（i）］。不同量级降水后 3 个不同杉木人工林土壤水 δD 存在垂直分布异质性，表现为随土壤深度的增加而富集。与 60 ～ 100 cm 深层土壤水 δD 值相比，0 ～ 40 cm 浅层土壤水 δD 值波动范围较大，且更接近大气降水 δD 值（图 4-1）。

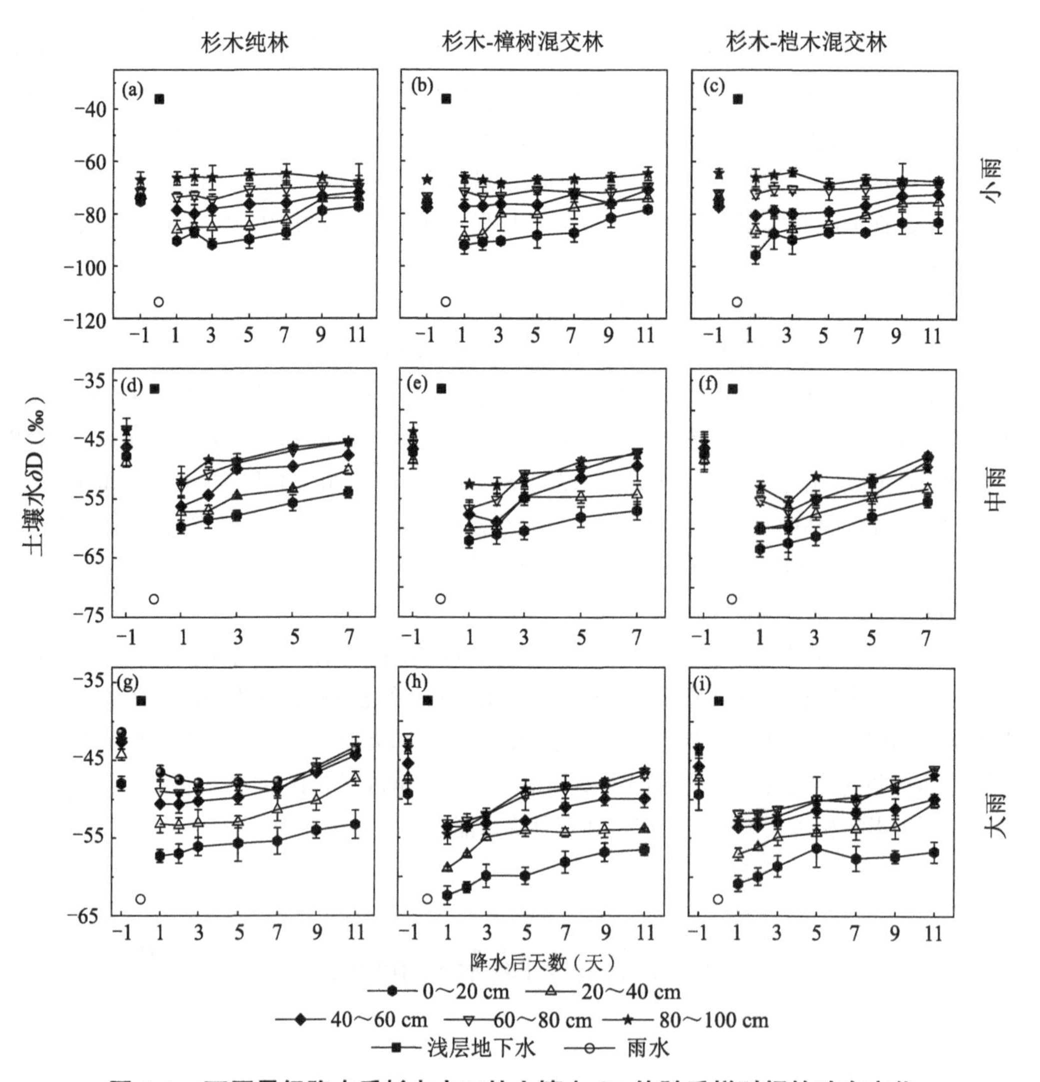

图 4-1 不同量级降水后杉木人工林土壤水 δD 值随采样时间的动态变化

表 4-1　雨前与雨后第 1 天不同类型杉木人工林土壤水 δD 的差异性分析比较

降水事件	土层（cm）	杉木纯林		杉木 - 樟树混交林		杉木 - 桤木混交林	
		自由度（df）	P 值	自由度（df）	P 值	自由度（df）	P 值
小雨	0 ～ 20	4	< 0.001	4	0.002	4	0.001
	20 ～ 40	4	0.003	4	0.004	4	0.002
	40 ～ 60	4	0.015	4	0.602	4	0.018
	60 ～ 80	4	0.201	4	0.394	4	0.785
	80 ～ 100	4	0.773	4	0.392	4	0.484
中雨	0 ～ 20	4	0.001	4	< 0.001	4	0.004
	20 ～ 40	4	0.050	4	< 0.001	4	0.002
	40 ～ 60	4	0.014	4	0.002	4	< 0.001
	60 ～ 80	4	0.002	4	0.001	4	0.002
	80 ～ 100	4	0.004	4	0.001	4	0.001
大雨	0 ～ 20	4	< 0.001	4	< 0.001	4	< 0.001
	20 ～ 40	4	< 0.001	4	< 0.001	4	< 0.001
	40 ～ 60	4	< 0.001	4	0.005	4	< 0.001
	60 ～ 80	4	0.001	4	< 0.001	4	< 0.001
	80 ～ 100	4	0.001	4	< 0.001	4	< 0.001

第二节　降水对杉木人工林土壤水的贡献率

小雨后 11 天内，降水对土壤水的贡献率（CRSW）在杉木纯林、杉木 - 樟树混交林和杉木 - 桤木混交林之间差异不显著［图 4-2（a）～（e）］。中雨后 7 天内，降水对杉木 - 樟树混交林和杉木 - 桤木混交林 0 ～ 100 cm 各层土壤水的贡献率高于杉木纯林，且在 0 ～ 20 cm 和 80 ～ 100 cm 土层达到显著水平［$P < 0.05$；图 4-2（f）～（j）］。除 20 ～ 60 cm 土层外，中雨后 7 天内，降水对杉木 - 桤木混交林土壤水的贡献率显著高于杉木纯林（$P < 0.05$）。大雨后 11 天内，降水对杉木 - 樟树混交林和杉木 - 桤木混交林土壤水贡献率的均值分别为 62.74% 和 61.18%，显著高于纯林（49.77%），但杉木 - 樟树混交林和杉木 - 桤木混交林之间差异不显著［$P < 0.05$；图 4-2（k）～（o）］。

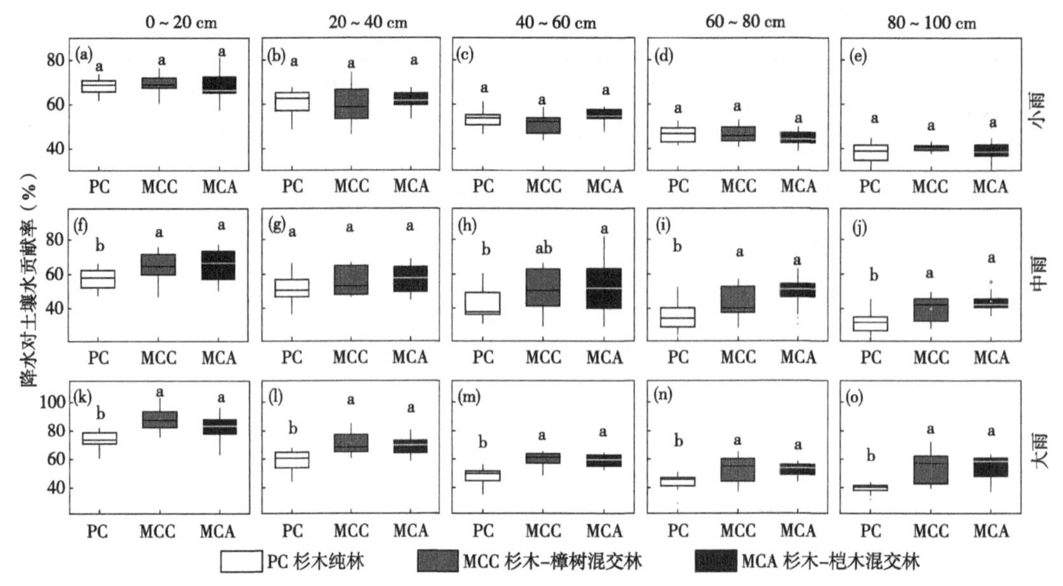

图 4-2 不同量级降水对 3 个不同类型杉木人工林各层土壤水贡献率的比较

注：不同的小写字母代表不同类型杉木人工林间差异性显著。

第三节 植物属性和土壤属性与降水对土壤水贡献率的相关性

相关分析结果表明，地下根系生物量和土壤属性与降水对土壤水的贡献率（CRSW）均呈极显著正相关（$P < 0.001$；图 4-3）。小雨后，地上植物生物量和凋落物水文特性与 CRSW 的相关关系不显著；中雨和大雨后，植物生物量和凋落物水文特性与 CRSW 呈显著正相关（图 4-3）。由此可见，地上植物生物量、凋落物特性、根系生物量和土壤性质均影响 CRSW。

为进一步明确引起 3 个不同类型杉木人工林之间 CRSW 差异的原因，我们对各杉木人工林之间的植物属性、凋落物特性和土壤属性进行差异性分析，结果表明杉木 - 樟树混交林和杉木 - 桤木混交林的乔木层生物量、灌木层生物量和根系总生物量均高于杉木纯林（表 4-2、表 4-3）。凋落物总现存量为杉木 - 桤木混交林最高，杉木 - 樟树混交林次之，杉木纯林最低，且杉木纯林显著低于两个混交林（$P < 0.05$）。草本层生物量依次为：杉木 - 樟树混交林＞杉木 - 桤木混交林＞杉木纯林（表 4-2）。3 个不同类型杉木人工林总根系生物量表现为：杉木 - 桤木混交林＞杉木 - 樟树混交林＞杉木纯林（表 4-3）。此外，杉木纯林 0 ～ 20 cm、20 ～ 40 cm 和 80 ～ 100 cm 深处的田间持水量和总孔隙度显著低于杉木 - 樟树混交林和杉木 - 桤木混交林（$P < 0.05$），而杉木纯林 0 ～ 60 cm 深处的土壤容重显著高于杉木混交林（表 4-3）。由表 4-3 可知，杉木 - 樟树混交林和杉木 - 桤木混交林之间的土壤性质在大多数土层差异不显著。

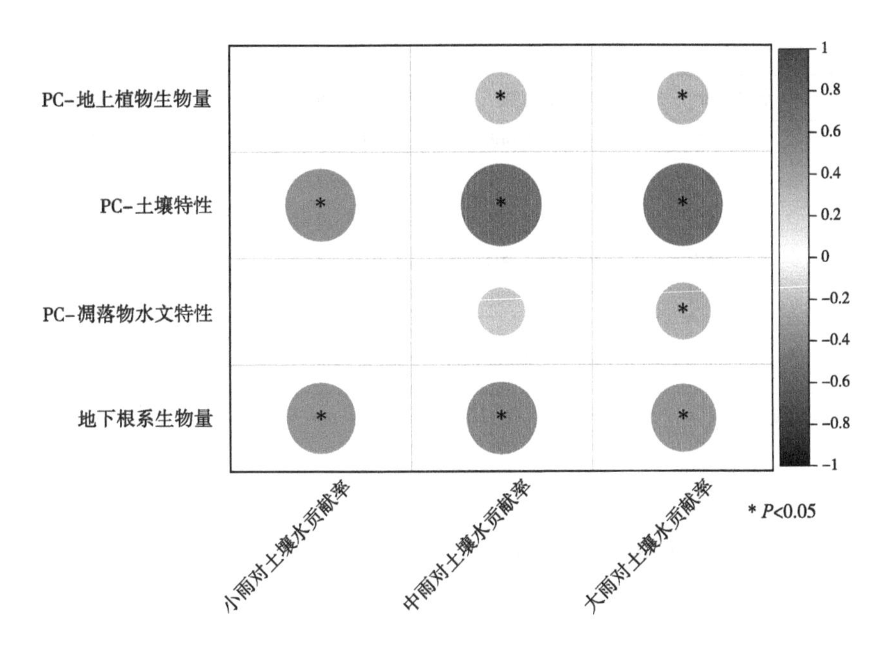

图 4-3　不同量级降水对杉木人工林各层土壤水的贡献率与土壤和植物因子的相关性

注：圆圈大小与相关系数呈正比。PC- 地上植物生物量为乔木层生物量、灌木层生物量和草本层生物量的第一主成分；PC- 土壤特性为田间持水量、容重和总孔隙度的第一主成分；PC- 凋落物水文特性为凋落物储量、有效拦蓄量和最大吸水速率的第一主成分。

表 4-2　不同类型杉木人工林的植物生物量

植物生物量	杉木纯林	杉木 - 樟树混交林	杉木 - 桤木混交林
乔木层生物量（kg/m^2）	10.34 ± 1.69b	20.14 ± 0.93a	22.46 ± 1.00a
灌木层生物量（g/m^2）	2.68 ± 0.02b	12.54 ± 2.12a	10.93 ± 0.84a
草本层生物量（g/m^2）	269.31 ± 6.43b	399.35 ± 46.22a	319.40 ± 8.54b

表 4-3　不同类型杉木人工林土壤属性和根系生物量

变量	土层（cm）	杉木纯林	杉木 - 樟树混交林	杉木 - 桤木混交林
容重（g/m^3）	0～20	1.31 ± 0.02a	1.25 ± 0.02b	1.24 ± 0.03b
	20～40	1.36 ± 0.01a	1.33 ± 0.02b	1.33 ± 0.01b
	40～60	1.42 ± 0.03a	1.34 ± 0.02b	1.34 ± 0.04b
	60～80	1.46 ± 0.02a	1.41 ± 0.05b	1.40 ± 0.05a
	80～100	1.46 ± 0.01a	1.42 ± 0.03ab	1.42 ± 0.06b
田间持水量（%）	0～20	35.01 ± 0.99b	41.48 ± 1.19a	40.69 ± 3.61a
	20～40	28.75 ± 1.34c	38.23 ± 0.56a	35.10 ± 1.37b
	40～60	27.88 ± 1.91b	42.33 ± 3.65a	31.99 ± 1.57a
	60～80	34.49 ± 4.10a	35.98 ± 4.61a	31.58 ± 1.44a
	80～100	25.27 ± 3.50b	32.18 ± 0.48a	36.82 ± 3.18a

（续）

变量	土层（cm）	杉木纯林	杉木－樟树混交林	杉木－桤木混交林
总孔隙度（%）	0～20	45.79 ± 0.60b	50.90 ± 2.45a	49.58 ± 1.49a
	20～40	39.07 ± 1.82b	48.03 ± 3.08a	45.34 ± 2.96a
	40～60	39.68 ± 2.50a	46.65 ± 5.81a	43.31 ± 1.56a
	60～80	43.70 ± 1.00a	46.65 ± 3.41a	44.62 ± 0.27a
	80～100	40.43 ± 2.44b	46.82 ± 1.02a	45.24 ± 1.67a
总根系生物量（g/m^2）		491.87 ± 53.87b	510.63 ± 128.25b	818.11 ± 124.80a

注：不同的小写字母代表不同类型杉木人工林间差异性显著（$P < 0.05$）。

第四节　影响降水对土壤水贡献率的主要因子

为了进一步明确降水对土壤水贡献率（CRSW）与地上植物生物量、凋落物特性、地下根系生物量和土壤性质之间直接和间接的关系，基于各影响因子与 CRSW 之间的相关关系构建结构方程模型。如图 4-4 所示，3 个结构方程模型（SEM）均具有较好的拟合性，解释了 CRSW 63% 以上的变异。小降水事件期间［图 4-4（a）、图 4-5（a）］，土壤特性对 CRSW 有直接正效应，而地上植物生物量对 CRSW 产生直接的负效应，根系生物量对 CRSW 直接正效应相对较小。中雨和大雨后，SEM 结果表明［图 4-4（b）（c）、图 4-5（b）（c）］，土壤性质对 CRSW 的直接正效应最大（路径系数分别为 0.61 和 0.76），地下根系生物量对 CRSW 也具有显著的直接正向影响（路径系数分别为 0.36 和 0.23），而地上植物生物量对 CRSW 直接负效应不显著。地上植物生物量主要通过凋落物特性间接影响 CRSW，地下根系生物量和凋落物特性则通过土壤性质间接影响 CRSW。总的来说，小雨后，地上植物生物量和土壤性质是 CRSW 的主要决定因子，而中雨和大雨后，土壤性质是影响 CRSW 的主导因子。凋落物特性和根系生物量是调控 CRSW 的间接因子。

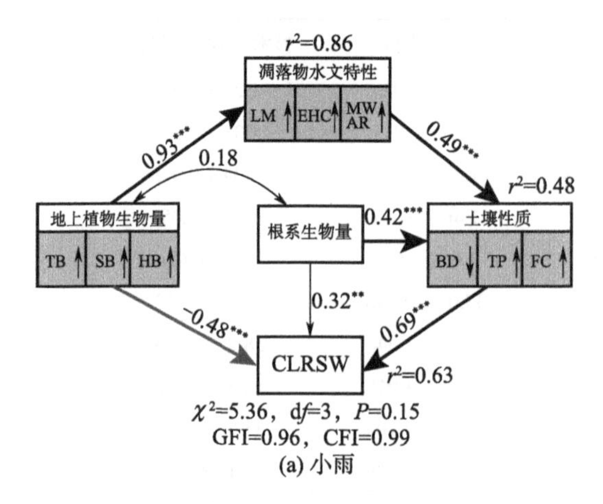

(a) 小雨

图 4-4　结构方程模型检验各变量对 CRSW 的多元影响

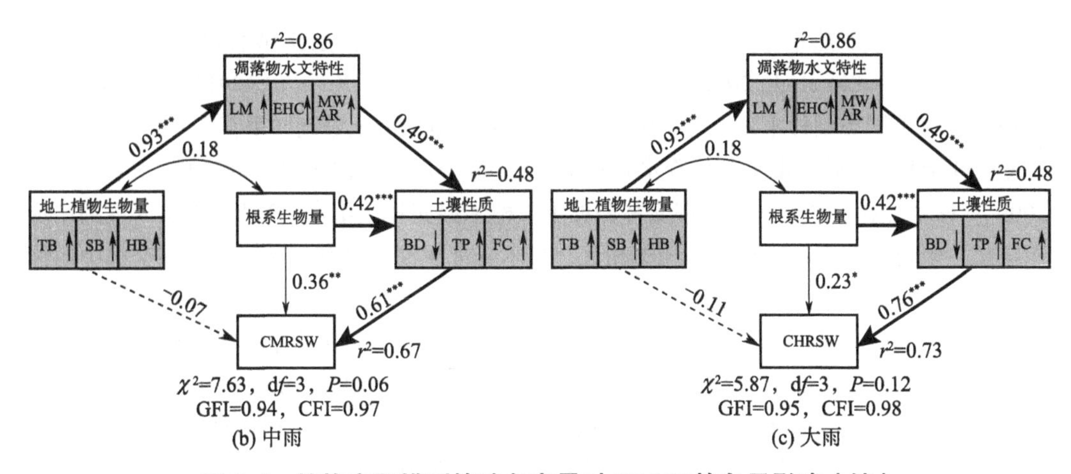

图 4-4　结构方程模型检验各变量对 CRSW 的多元影响（续）

注：地上植物生物量包括 TB 为乔木层生物量；SB 为灌木层生物量；HB 为草本层生物量。凋落物特性包括 LM 为凋落物生物量；EHC 为有效拦蓄能力；MWAR 为最大吸水速率。土壤特性包括 BD 为容重；TP 为总孔隙度；FC 为田间持水量；CLRSW 为小雨对土壤水贡献率；CMRSW 为中雨对土壤水贡献率；CHRSW 为大雨对土壤水贡献率。方框外箭头宽度与路径系数呈正比。黑色实线表示显著的正效应，灰色实线表示显著的负效应，灰色虚线表示效应不显著。* $P < 0.05$，** $P < 0.01$，*** $P < 0.001$。

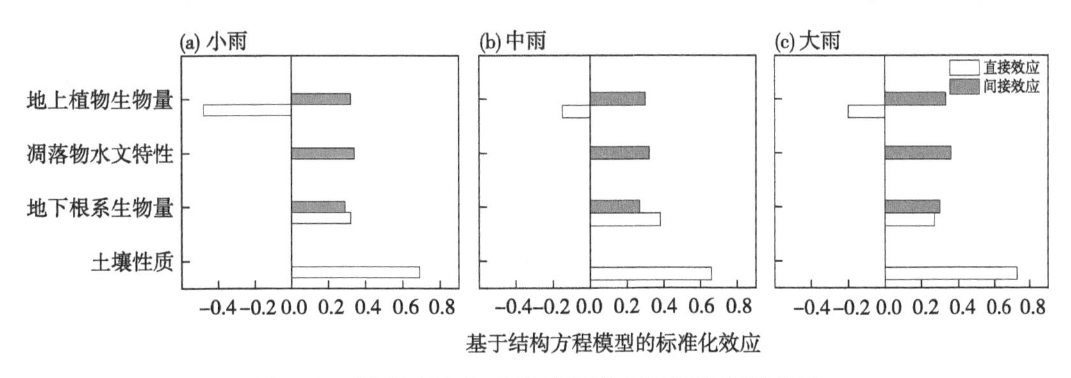

图 4-5　各变量对 CRSW 的标准化直接和间接效应

第五节　讨论

一、杉木人工林土壤水对降水的响应

在我国亚热带地区，不同类型杉木人工林 0 ～ 100 cm 各层土壤水对降水变化的响应呈现出相似的变化趋势。无论小雨、中雨，还是大雨，3 个不同量级降水后 7 ～ 11 天内，不同类型杉木人工林浅层土壤水（0 ～ 40 cm）δD 值均显著下降，尤其在是杉木混交林。这是由于在我国中亚热带年降水量大于400 mm的湿润地区，浅层土壤水 δD 值更易受降水量大小的影响（Liu et al., 2019a）。与前人的研究结果一致（Xu *et al.*, 2012；Wan and Liu, 2016），3个不同类型杉木人工林土壤水 δD 值在0～100 cm土壤剖面垂直方向存在异质性。3次不同量级降水后，由于贫化降水 δD 的输入、混合以及下渗等过程的影响（Song *et al.*, 2009），杉木纯林、杉木－樟树混交林和杉木－桤木混交林土壤水 δD 值随土层深度的增加而富集。中雨和大雨后，与杉木纯林相比，杉木－樟树混交林和杉木－桤木混交林中的浅层土壤水 δD 值更接近大气降水 δD 值，表明杉阔混交林中的浅层土壤水与降水混合较均匀，对大气降水的响应更为强烈。此外，杉木人工林土壤水对不同量级降水的响应不同。小雨后，表层土壤水（0～40 cm）δD 值波动较大，随着降水量增大，深层土壤水（60～100 cm）δD 值波动较明显，特别是大雨后，0～100 cm各层土壤水 δD 值皆受到降水影响，表明小量级降水只能入渗表层土壤，而较大量级的降水则可入渗到深层土壤，有利于植物对深层土壤水的吸收与利用。

二、不同类型杉木人工林中降水对土壤水贡献率的差异及其直接调控因子

通过对结构方程模型（SEM）的分析发现，小雨后，地上植物生物量对降水对土壤水的贡献率（CRSW）有显著的负效应，这主要与降水量大小和植被截留有关。小雨时，植被截留量占降水量的比例较大（Miralles *et al.*, 2010；Allen *et al.*, 2017），导致入渗到土壤层的降水减少，使CRSW降低。与以往研究不同的是，本研究的结果显示在小雨后，CRSW也受土壤性质的正向调控，这可能是因为土壤是储存降水的重要水库（Boer-Euser *et al.*, 2015），土壤容重及孔隙度等土壤物理性质直接决定了土壤的入渗性能和持水能力（Sun *et al.*, 2019）。因此，即使小量级降水在土壤中入渗过程中，土壤层也能发挥调控作用。但小雨后CRSW在杉木纯林、杉木－樟树混交林和杉木－桤木混交林之间差异不显著，这主要归因于小雨时，CRSW受地上植物生物量和土壤性质拮抗作用的共同影响（图4-4）。与杉木混交林相比，杉木纯林相对较小的地上植物生物量可能削弱其对降水的截留作用（Li *et al.*, 2016），但其高容重、低孔隙度的土壤环境条件并不利于降水在土壤中入渗和储存（Hamza and Anderson, 2005；Sun *et al.*, 2018），杉木纯林地上植物生物量对CRSW的积极影响在一定程度上被土壤性质的负向影响抵消或掩盖，这可能是小雨对土壤水贡献率在3个不同类型杉木人工林之间无显著差异的原因。

与小雨不同，中雨和大雨对杉木－樟树混交林和杉木－桤木混交林土壤水的贡献率皆高于杉木纯林，表明混交林土壤截留中、强降水（中雨和大雨）的能力更强。结构方程模型（SEM）结果进一步表明，中雨和大雨后，地上植物生物量不再是限制降水对杉木人工林土壤水贡献率的主要因素，这主要归因于植被属性和土壤属性对水分的截留效应和降水量级之间的关系。降水量级较大时，植被截留效应较小（Wang *et al.*, 2007；Zhang *et al.*, 2021），大部分降水以穿透水和树干茎流的形式输入土壤（Mair and Fares, 2010），土壤性质是调控中雨和大雨在土壤中分配的主要因子（图4-4）。诸多研究已经表明土壤性质（包括容重、总孔隙度和田间持水量）与土壤水力特性和持水能力之间有紧密的关系（Jin *et al.*, 2011；Sun *et al.*, 2019）。事实上，田间持水量是衡量在降水充足条件下土壤持水能力的重

要指标（Metzger *et al.*, 2017），加之容重小、总孔隙度大的土壤相对疏松，土壤团聚体间的结构孔隙大，为降水入渗提供的有效空间增大，因此，良好的土壤性质（容重低、孔隙度和田间持水量高）使其入渗性能和存蓄降水的能力更强（Hamza and Anderson, 2005；Dai *et al.*, 2020b）。本研究中，CRSW 与总孔隙度和田间持水量呈正相关、与容重呈显著负相关关系的结果进一步验证了上述推论（图 4–4）。因此，与杉木纯林相比，杉木混交林土壤的总孔隙度和田间持水量增大，容重降低，从而导致中雨和大雨对杉木混交林土壤水的贡献率高于杉木纯林。此外，中雨和大雨后，根系生物量是导致杉木纯林和杉木混交林之间 CRSW 差异的另一直接因素，这与杉木混交林有更多、更复杂的根系，从而导致吸收更多的土壤水有关（Metz *et al.*, 2016；Yang *et al.*, 2017）。与此同时，植物根系的增加可以提高空气进入值和滞后环的大小，使其产生更高的吸力（Leung *et al.*, 2015；Gao *et al.*, 2018b），从而增强杉木混交林土壤的持水能力。

三、降水对土壤水贡献率（CRSW）的间接调控因子

以往的研究通常低估或者忽略了杉木人工林凋落物层水文特性对土壤水分的影响（Li *et al.*, 2013），与之不同的是，此次研究发现杉木人工林凋落物水文特性对 CRSW 起到间接调控作用（图 4–4）。一方面，地上植被可通过影响凋落物数量、质量等调控降水在土壤中的分配（Kooch *et al.*, 2017；Zhang *et al.*, 2020b）。与杉木纯林相比，杉木 – 樟树混交林和杉木 – 桤木混交林凋落物储量和有效拦蓄量更高，说明这 2 个不同类型杉木混交林凋落物层可以截留更多的降水，从而增加进入林地土壤的水通量（Fajardo, 2010；Pavão *et al.*, 2019）。另一方面，凋落物特性的变化可通过多种方式影响土壤性质间接调控 CRSW。有研究指出，草本凋落物的增加有利于驱动凋落物分解，促进碳、氮等养分的释放与归还（Wang *et al.*, 2020c）。本研究中，杉木 – 樟树混交林和杉木 – 桤木混交林较高的地上植被生物量（包括乔木、灌木、草本）导致更多的凋落物输入，而 Wang 等（2008）在该地区的研究发现，杉木混交林中阔叶树种引入后凋落物构成和多样性改变，使凋落物分解速率加快。凋落物输入量和分解速率的提高可增加土壤有机质，并增强土壤生物活性（Zhu *et al.*, 2020），进而改善土壤团聚体稳定性和孔隙度，降低土壤容重（Bodner *et al.*, 2014；Hao *et al.*, 2020），最终增强杉木 – 樟树混交林和杉木 – 桤木混交林土壤截留和存蓄降水的能力。

研究表明，植物根系会通过改变土壤性质影响土壤持水能力（Wu *et al.*, 2016）。在本研究中，CRSW 受根系生物量的间接正向调控（图 4–5）。根系生物量的间接正向效应机制主要与土壤物理特性的变化有关。一方面，植物根系生物量的增加可通过对土壤颗粒的包裹和缠绕以及分泌胶结物质等方式，促进土壤团聚体的形成和稳定，提高土壤孔隙度（Hudek *et al.*, 2017）。同等条件下土壤的孔隙度越高其储水性能也会相应提高（Udawatta *et al.*, 2008）。另一方面，根系生物量增加导致植物碳源输入量和根系分泌物量增加，土壤碳的输入量也相应增大，进一步影响团聚体数量及稳定性、孔隙度等土壤物理结构（Demenois *et al.*, 2018；Poirier *et al.*, 2018），间接导致土壤持水能力的增加。在本研究中，杉木 – 樟树混交林和杉木 – 桤木混交林的根系生物量均高于杉木纯林，表明杉木针阔混交林土壤的持

水能力更强。

本章节以稳定同位素为技术手段，通过分析不同量级自然降水后，杉木人工林土壤水对降水变化的响应及其降水对不同土层的贡献率，明确降水对不同类型杉木人工林土壤水贡献率的差异及其关键的调控因子。结果表明，由于地上植物生物量和土壤特性拮抗作用的影响，致使小雨对杉木人工林土壤水的贡献率在3个不同类型杉木人工林之间无显著差异。此外，中雨和大雨对杉木－樟树混交林和杉木－桤木混交林土壤水的贡献率皆高于杉木纯林，这与混交林土壤特性的改善（即容重降低、总孔隙度和田间持水量增加）有直接且密切的关系，并受根系生物量和凋落物特性的间接调控。上述研究结果为中国亚热带人工林造林模式对水文过程的影响提供了新的见解和启示。首先，人工林截留和存蓄降水能力的主要影响因子随降水量级的变化而不同，这一结果强调了今后人工林生态水文过程研究中区分不同降水量级的重要性。其次，在全球气候变化背景下，中国亚热带地区季节性干旱和极端降水事件频发，杉木与阔叶树种混交后其林地截留和存蓄降水的能力更强，有利于树木缓解和应对水分胁迫。因此，在中国亚热带退化杉木人工林抚育管理和植被恢复过程中，可考虑通过引入或补植阔叶树种以提升其调蓄土壤水分的能力，增强杉木人工林生态系统稳定性及应对未来气候变化的潜力。

第五章

杉木人工林优势植物水分利用格局

全球气候变化引发的降水格局变化会影响人工林中优势植物的水分利用格局（Barbeta, 2015），并对树木生长、森林结构与功能产生强烈的影响，甚至导致树木死亡率逐年上升（Brendan *et al.*, 2018）。一方面，由于非同步性和有利物种的相互作用（Morin *et al.*, 2014；Jucker *et al.*, 2015），营造混交林、增加物种多样性被认为是缓解降水格局变化带来的负面影响和提高人工林生产力的有效管理措施（Lebourgeois *et al.*, 2013；Zhang *et al.*, 2020）。然而，并非所有的树种混交都能更好地抵御水分胁迫（Grossiord, 2020）。因此，有必要探究不同类型人工林中优势树种的水分利用格局，这有助于我们更好地了解和预测人工林生态系统结构和功能对全球气候变化的响应，同时为制定高效健康的经营管理措施提供科学的理论依据。

另一方面，植物水分利用格局受环境条件、土壤特性及植物特性等多种因素的影响（Coners and Leuschner, 2005；Moreno - Gutiérrez *et al.*, 2012），并因环境条件和人工林类型的变化而存在差异，但目前关于区域尺度下纯林和混交林中植物水分利用格局的主要影响因子仍不明确。有研究表明土壤水分条件是影响植物水分利用格局的主要因子，降水特征（降水强度、降水量大小）和土壤特性通过改变土壤水分的时空分布动态，影响植物的水分利用格局（Xu and Li, 2008；Xu *et al.*, 2011；Yang and Fu, 2017）。Deng 等（2021）发现，雨季降水充足，林地土壤含水量高，0 ～ 20 cm 浅层土壤水是北京西北部侧柏的主要水源；但在旱季，土壤含水量大幅下降，侧柏则转为利用深层土壤水和浅层地下水。另外，植物的水分利用格局也取决于根系分布（Zhang *et al.*, 2020a）和形态结构。一些植物在适应环境的过程中发展出“二态”根系，允许其可根据周围环境水分条件通过浅根、侧根和深根来变换水分来源，这种现象在干旱、半干旱和季节性干旱地区尤为常见（Ehleringer and Dawson, 1992；Nie *et al.*, 2011）。实际上，不同树种混交后，植物生理特性和土壤水分可利用性均会受到影响（Rog *et al.*, 2021），从而引起植物水分利用格局的变化。例如，West 等（2007）指出，共存植物可通过调控叶片水势和光合速率等生理特性适应纯林到混交林的变化。综上，尽管诸多研究已经探讨了人工林中植物的水分利用格局，但纯林和混交林对目标树种水分利用格局的影响及其主导因子尚不明确。通过第四章的介绍，我们厘清了大气降水在杉木人工林不同林型之间土壤截留、转化和存蓄的差异，而这种差异可能会直接影响杉木的水分利用格局。最新研究指出，气候变化导致杉木的适生区域和生态位均在不断减小（唐兴港等，2022）。因此，本章我们分析了中亚热带湖南会同杉木纯林、杉木 - 樟树混交林和杉木 - 桤木混交林中优势树种的水分利用格局，同时测定分析相关的植物因子与土壤因子，以揭示影响杉木水分利用格局的主要调控因子。

第一节　杉木人工林优势植物水氢氧同位素特征

3种不同类型杉木人工林土壤水 δD 和 $\delta^{18}O$ 的交点大部分落在当地大气降水线（LMWL）的右侧（图 5-1），说明雨水在转变为各林地土壤水的过程中经历了不同程度的蒸发富集。杉木、樟树和桤木植物茎（木质部）水 δD 和 $\delta^{18}O$ 值与各林地土壤水 δD 和 $\delta^{18}O$ 值接近（图 5-1），表明土壤水是杉木人工林中优势树种的主要水分来源。不同量级降水事件后，杉木植物水的 δD 和 $\delta^{18}O$ 值在杉木纯林、杉木 - 樟树混交林和杉木 - 桤木混交林之间差异显著［图 5-2（a）］。具体地讲，纯林中杉木植物水 δD 值低于杉木 - 樟树混交林和杉木 - 桤木混交林中杉木植物水分，且在中雨的降水事件中达到显著水平。另外，中雨和大雨后，杉木 - 樟树混交林和杉木 - 桤木混交林中杉木植物水 $\delta^{18}O$ 值显著高于纯林中杉木植物水 $\delta^{18}O$ ［$P < 0.05$；图 5-2（b）］。

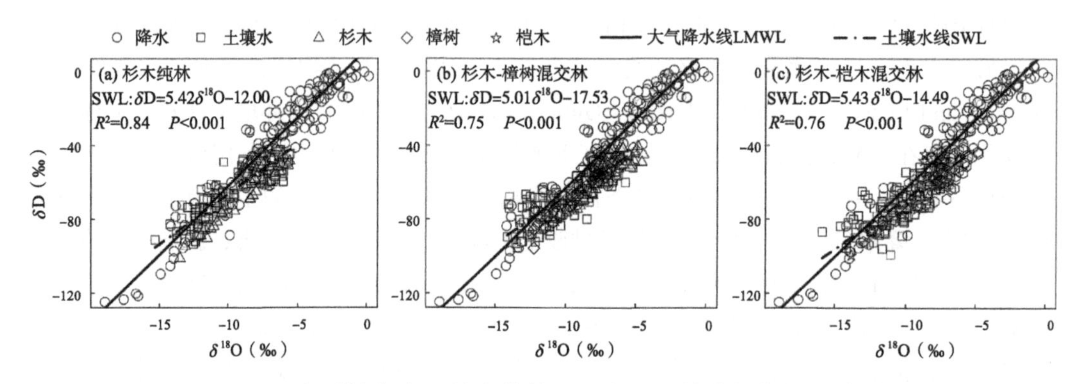

图 5-1　不同类型杉木人工林中优势植物水和土壤水氢氧同位素的关系

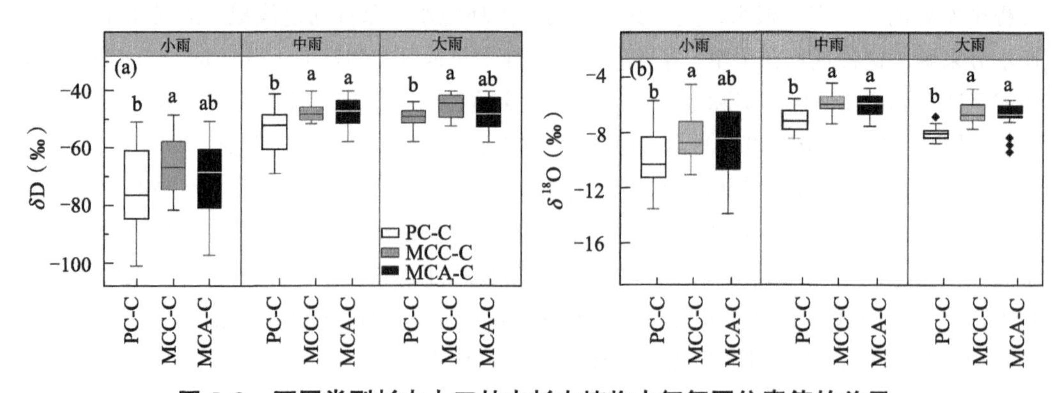

图 5-2　不同类型杉木人工林中杉木植物水氢氧同位素值的差异

注：不同的小写字母代表 3 个不同类型杉木人工林间差异性显著（$P < 0.05$）。PC-C 为杉木纯林中的杉木；MCC-C 为杉木 - 樟树滥交林中的杉木；MCA-C 为杉木 - 桤木混交林中的杉木。

第二节 杉木人工林优势植物水分利用率

MixSIAR 模型的结果表明，不同量级降水后，杉木－樟树混交林和杉木－桤木混交林中樟树 / 桤木均主要利用 0 ～ 60 cm 深处的土壤水（图 5-3）。小雨后，纯林中杉木对 0 ～ 40 cm 浅层土壤水的利用率显著高于杉木－桤木混交林中的杉木，而杉木－樟树混交林和杉木－桤木混交林的杉木对 60 ～ 80 cm 土壤水的利用率显著高于杉木纯林中的杉木［$P < 0.05$；图 5-4（a）］。中雨、大雨后，杉木－樟树混交林和杉木－桤木混交林的杉木仍主要利用 60 ～ 100 cm 深层土壤水，利用率分别为 54.56% 和 61.80%、57.83% 和 76.37%。相反，纯林中的杉木在中雨和大雨后则主要利用 0 ～ 60 cm 深处的土壤水，其中对 0 ～ 40 cm 浅层土壤水的利用率分别达到 47.83% 和 46.13%，显著高于杉木－樟树混交林和杉木－桤木混交林中的杉木［图 5-4（b）（c）］。

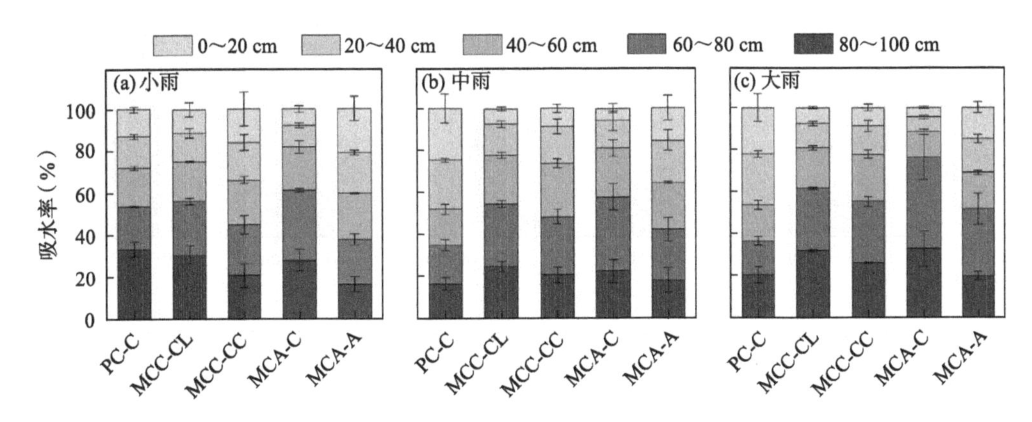

图 5-3　3 个不同类型杉木人工林中优势树种水分利用率

注：PC-C、MCC-CL 和 MCA-C 分别为纯林、杉木－樟树混交林和杉木－桤木混交林中的杉木，MCC-CC 和 MCA-A 分别为杉木－樟树混交林中的樟树和杉木－桤木混交林中的桤木。

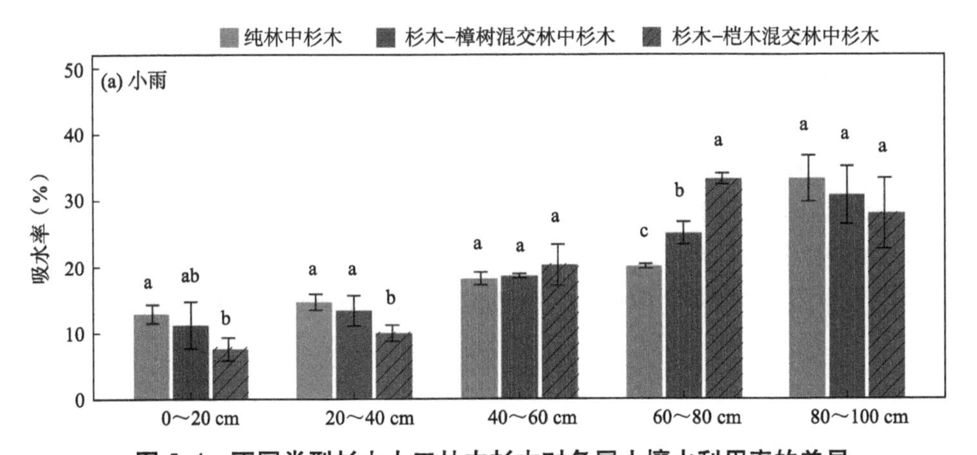

图 5-4　不同类型杉木人工林中杉木对各层土壤水利用率的差异

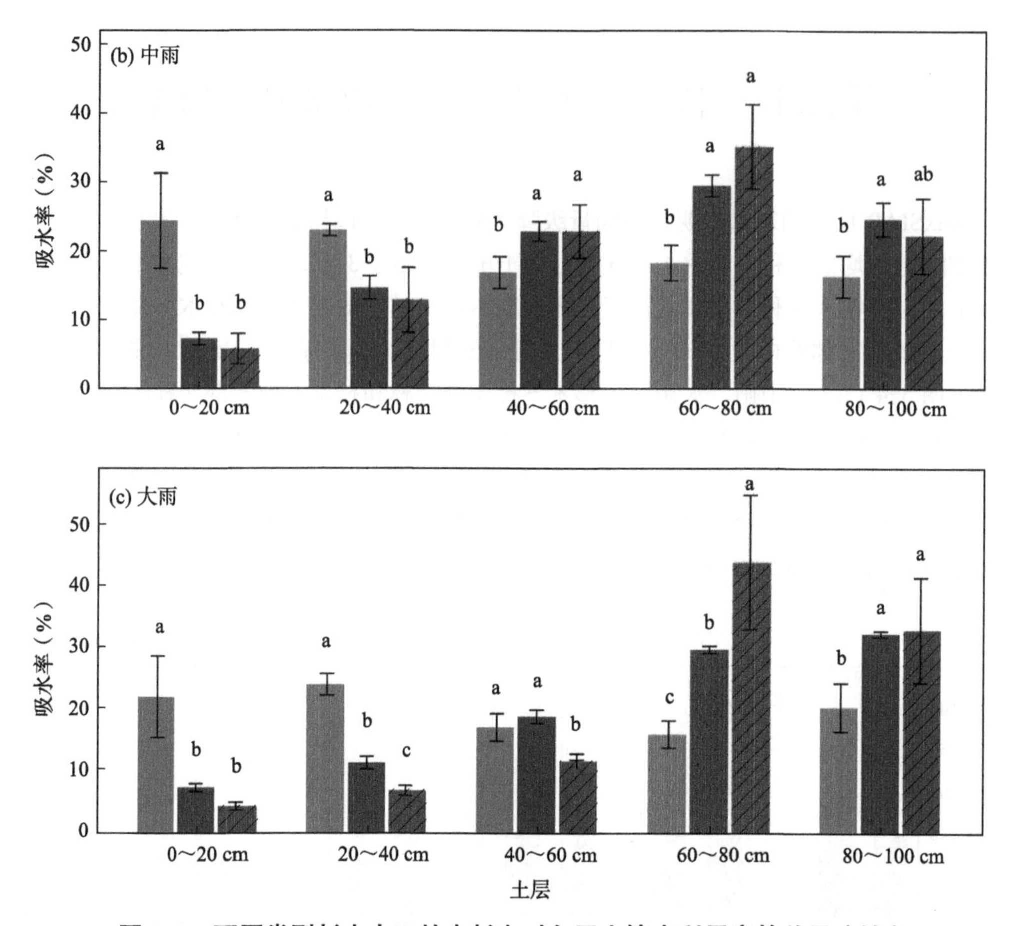

图 5-4　不同类型杉木人工林中杉木对各层土壤水利用率的差异（续）

第三节　影响杉木水分利用率的植物属性和土壤属性

纯林中杉木的叶片生物量显著低于杉木－樟树混交林和杉木－桤木混交林中杉木的（表 5-1）。杉木叶片的清晨水势随着降水量的增加而增大，而杉木－樟树混交林和杉木－桤木混交林中杉木叶片的清晨水势小于纯林中的杉木，但未达到显著水平（表 5-2）。如图 5-5 所示，小雨后，杉木纯林（PC）、杉木－樟树混交林（MCC）和杉木－桤木混交林（MCA）中杉木的净光合速率（P_n）、气孔导度（G_s）和蒸腾速率（T_r）无显著差异。相反，在中雨和大雨后，两个混交林中杉木的净光合速率 P_n、G_s 和 T_r 高于纯林中的杉木。

表 5-1 不同类型杉木人工林中杉木的叶片生物量

变量	杉木纯林（PC）	杉木－樟树混交林（MCC）	杉木－桤木混交林（MCA）
叶片生物量 (kg)	100.79 ± 11.51b	191.50 ± 11.52a	179.32 ± 32.21a

注：不同的小写字母代表不同类型杉木人工林间差异性显著（$P < 0.05$）。

表 5-2 不同类型人工林中杉木叶片清晨水势

变量	森林类型	小雨	中雨	大雨
清晨	杉木纯林（PC-C）	−0.46 ± 0.03Ca	−0.33 ± 0.05Ba	−0.26 ± 0.03Aa
叶片水势	杉木－樟树混交林（MCC-C）	−0.49 ± 0.03Ca	−0.40 ± 0.05Ba	−0.31 ± 0.02Aa
ψ_{pd}（MPa）	杉木－桤木混交林（MCA-C）	−0.51 ± 0.07Ba	−0.41 ± 0.06ABa	−0.37 ± 0.06Aa

注：同一行中不同的大写字母代表杉木叶片 ψ_{pd} 在不同降水事件间差异性显著，同一列中不同的小写字母代表杉木叶片 ψ_{pd} 在不同类型杉木人工林间差异性显著（$P < 0.05$）。

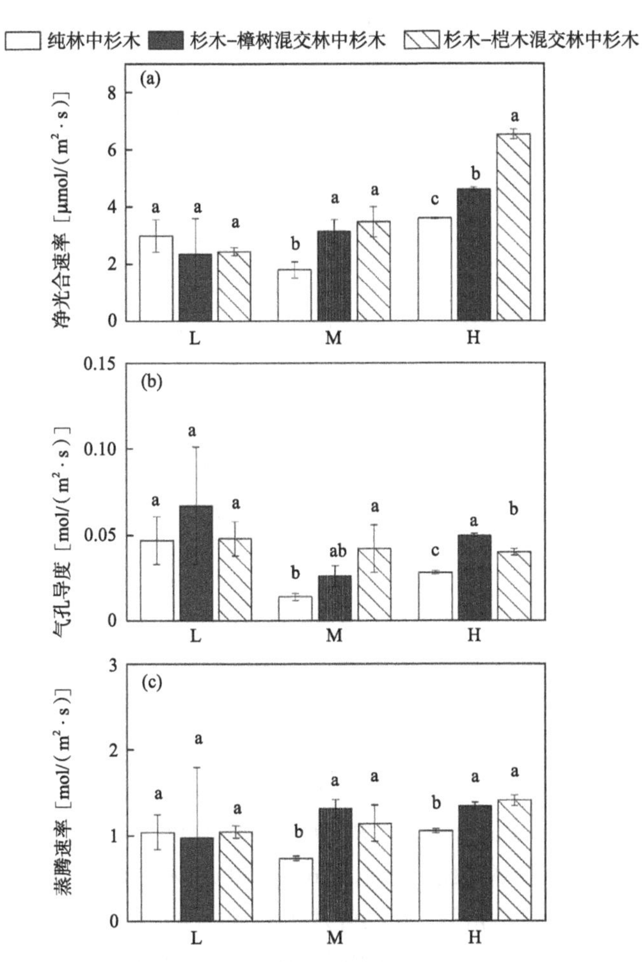

图 5-5 不同类型杉木人工林中杉木的气体交换参数

注：不同的字母代表杉木气体交换参数在 3 个不同类型杉木人工林间差异显著（$P < 0.05$）。L 为小雨；M 为中雨；H 为大雨；PC-C 为杉木纯林中杉木；MCC-C 为杉木－樟树混交林中杉木；MCA-C 为杉木－桤木混交林中杉木。

不同类型杉木人工林中杉木细根生物量在土壤剖面的垂直分布特点不同（表 5-3）。在 0 ～ 40 cm 浅层土壤中，杉木的细根生物量呈现出杉木纯林>杉木 - 樟树混交林>杉木 - 桤木混交林的变化规律，而在 40 ～ 100 cm 土层中，杉木 - 樟树混交林和杉木 - 桤木混交林中杉木的细根生物量均明显高于杉木纯林中的杉木，且在 80 ～ 100 cm 土层中达到显著水平（$P < 0.05$）。此外，研究期间两个杉木混交林的土壤含水量均高于杉木纯林，且在 0 ～ 20 cm、40 ～ 60 cm 和 80 ～ 100 cm 土壤深度达到显著水平（$P < 0.05$）。3 个不同类型杉木人工林土壤总孔隙度和田间持水量的信息见第四章。

表 5-3　不同类型杉木人工林中土壤含水量和杉木细根生物量

变量	土层 (cm)	杉木纯林	杉木 - 樟树混交林	杉木 - 桤木混交林
细根生物量 (g/m^2)	0 ～ 20	100.81 ± 13.77a	74.59 ± 7.39ab	44.92 ± 30.14b
	20 ～ 40	83.44 ± 18.45a	73.25 ± 16.42a	58.91 ± 12.56a
	40 ～ 60	64.65 ± 8.57a	81.96 ± 20.61a	82.43 ± 28.48a
	60 ～ 80	52.75 ± 1.29b	64.09 ± 5.50a	59.81 ± 3.23ab
	80 ～ 100	20.17 ± 3.69b	41.22 ± 6.15a	41.68 ± 6.84a
土壤含水量 (%)	0 ～ 20	26.1 ± 3.1b	29.3 ± 5.0a	28.6 ± 5.4a
	20 ～ 40	25.9 ± 2.8a	26.9 ± 3.7a	26.9 ± 4.2a
	40 ～ 60	23.6 ± 4.9b	26.1 ± 3.8a	26.6 ± 3.5a
	60 ～ 80	23.7 ± 3.8b	24.7 ± 3.4ab	25.1 ± 2.9a
	80 ～ 100	23.0 ± 3.5b	24.5 ± 3.1a	24.9 ± 3.2a

注：不同的小写字母代表不同类型杉木人工林间差异性显著（$P < 0.05$）。

第四节　杉木水分利用率与植物属性和土壤属性之间的相关性

通过分析杉木对各层土壤水利用率与植物属性 / 土壤属性进行 Pearson 相关性（图 5-6），我们发现杉木对 0 ～ 40 cm 土壤水的利用率与清晨叶片水势和细根生物量呈显著正相关，但与叶片生物量、净光合速率、蒸腾速率、土壤总孔隙度、田间持水量和土壤含水量呈显著负相关（$P < 0.05$）。杉木对 40 ～ 60 cm 土壤水的利用率与细根生物量（R^2=0.41，P=0.033）和净光合速率（R^2=−0.52，P=0.006）表现出显著的相关关系。与 0 ～ 40 cm 浅层土壤水利用率相比，杉木对 60 ～ 80 cm 和 80 ～ 100 cm 深层土壤水的利用率与叶片清晨水势呈显著负相关，而与叶片生物量、净光合速率、蒸腾速率和细根生物量呈显著负相关。杉木对 60 ～ 80 cm 土壤水的利用率与土壤含水量呈显著正相关（$P < 0.05$）。同样，杉木对 80 ～ 100 cm 土壤水的利用率与气孔导度和总孔隙度也呈显著正相关（图 5-6，$P < 0.05$）。

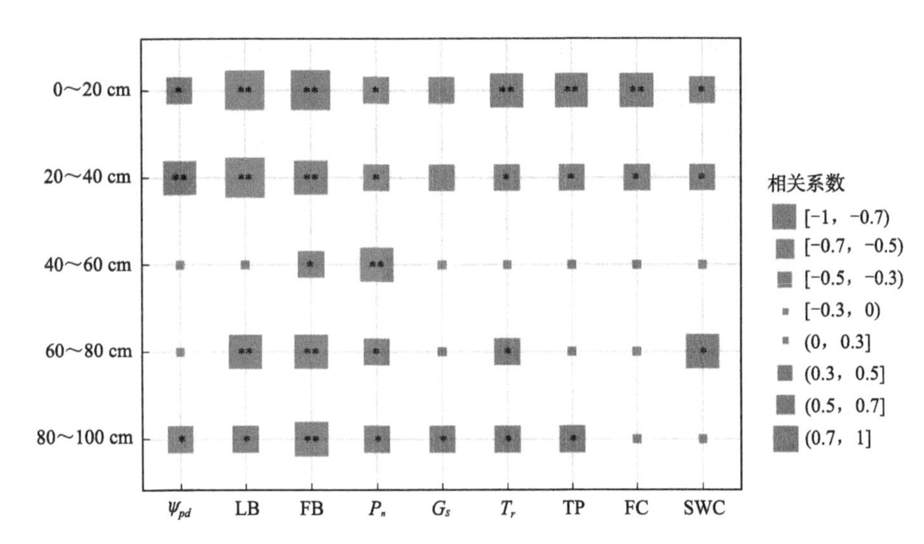

图 5-6　杉木水分利用率与植物特性和土壤特性的相关性分析

注：正方形大小代表相关系数的大小。LB、ψ_{pd}、P_n、G_s、T_r、FB、TP、SWC 和 FC 分别为叶片生物量、叶片清晨水势、净光合速率、气孔导度、蒸腾速率、细根生物量、总孔隙度、土壤含水量和田间持水量。

第五节　影响杉木水分利用率的主要因子

从随机森林模型的结果可以看出（图 5-7），所有土壤因子和植物因子解释了杉木对不

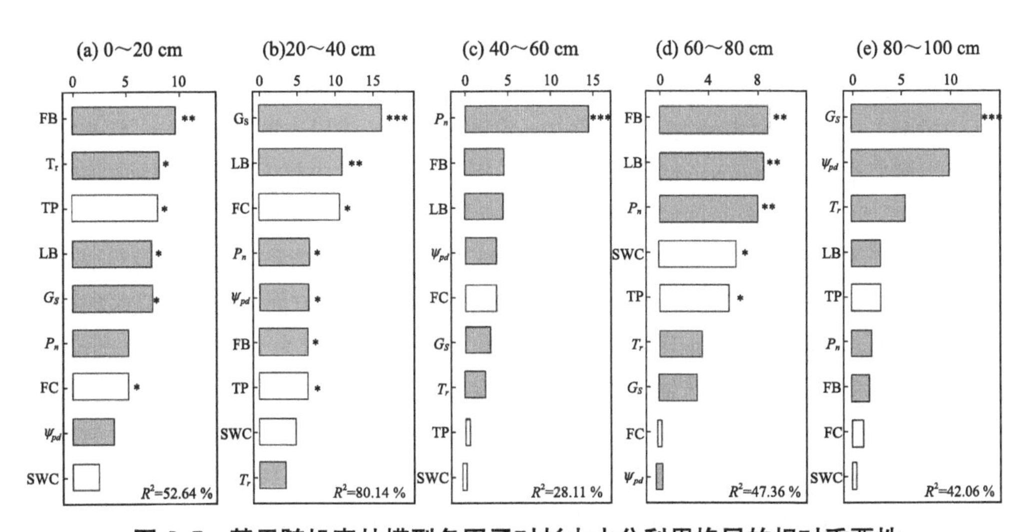

图 5-7　基于随机森林模型各因子对杉木水分利用格局的相对重要性

注：灰色和白色分别代表植物因素和土壤因素。影响因子的相对重要性以增加均方误（%MSE）的百分比表示。另外，***、** 和 * 分别表示 $P < 0.001$、$P < 0.01$ 和 $P < 0.05$。LB、ψ_{pd}、P_n、G_s、T_r、FB、TP、SWC 和 FC 分别为叶片生物量、叶片清晨水势、净光合速率、气孔导度、蒸腾速率、细根生物量、总孔隙度、土壤含水量和田间持水量。

同层位（0 ～ 20 cm、20 ～ 40 cm、40 ～ 60 cm、60 ～ 80 cm 和 80 ～ 100 cm）土壤水利用率（27.06% ～ 79.83%）的变异。其中，细根生物量对杉木利用 0 ～ 20 cm 和 60 ～ 80 cm 深处土壤水比率的解释度最高，气孔导度和叶片生物量是杉木对 20 ～ 40 cm 土壤水利用率的主要影响因子；此外，净光合速率和细根生物量是杉木对 40 ～ 60 cm 的土壤水利用率的主要影响因子，而细根生物量、叶片生物量、气孔导度和清晨水势是杉木对 60 ～ 100 cm 深层土壤的水分利用率的主要影响因子。因此，与土壤特性相比，植物特性对杉木利用各层土壤水比率的影响更大。

第六节　讨论

一、纯林及混交林中的杉木水分利用格局

杉木植物水氢氧同位素组成在杉木纯林与杉木混交林之间差异显著，这与以往研究相似（Moreno-Gutiérrez *et al.*, 2012；Wang *et al.*, 2020b），说明杉木水分利用来源受林分类型的影响显著。前人研究表明，混交林中针叶树种倾向于吸收利用浅层土壤水，而阔叶树种则主要依赖相对稳定的深层土壤水（Castillo *et al.*, 2016；Martín-Gómez *et al.*, 2017）。然而，本研究 MixSIAR 结果表明，纯林中的杉木主要利用浅层土壤水，而杉木 - 樟树混交林和杉木 - 桤木混交林中的杉木主要从深层土壤中获取水分。这种不一致的结果可能归因于物种差异和水文生态位分化（Brum *et al.*, 2019）。杉木 - 樟树混交林中的樟树和杉木 - 桤木混交林中的桤木皆主要从 0 ～ 60 cm 深处土壤中获取水分，其结果也证实了上述推断。事实上，水文生态位分化被认为是混交林中优势植物共存的重要机制（Silvertown *et al.*, 2015；Wang *et al.*, 2020c）。混交林中物种之间的竞争会导致浅根植物从浅层土壤获取水分，深根植物则转向利用深层土壤水（Grossiord *et al.*, 2017）。因此，混交林中杉木与阔叶树种樟树 / 桤木竞争水分时，可通过提高其深层根系分布，进而增加对深层土壤水的利用。相比之下，杉木纯林中的杉木主要依赖于 0 ～ 60 cm 浅层土壤水，一方面可能是因为植物对浅层土壤水的吸收消耗的能量较小（Williams and Ehleringer, 2000）。另一方面可能与研究区的降水和土壤湿度有关。本研究地点属于亚热带季风气候，年平均降水量为 1200 ～ 1400 mm，在没有其它树种竞争的情况下，该地区较高的降水量会导致浅层土壤的含水量较高，促进纯林中杉木浅层根系的生长（表 5-3），从而导致纯林中杉木倾向于利用易获得的浅层土壤水。然而，近年来，亚热带地区季节性干旱事件频发（Zhou *et al.*, 2013），纯林中的杉木对浅层土壤水的依赖可能不利于杉木在季节性干旱期生存和生长（Bucci *et al.*, 2005；Zhou *et al.*, 2013）。

二、杉木水分利用格局的关键驱动因子

植物水源从浅层土壤水到深层土壤水的转换意味着植物水分利用的可塑性（Valladares

et al., 2007）。水分利用格局的可塑性通常被认为有利于增强植物适应环境变化的能力（Wang *et al.*, 2017）。与纯林中的杉木相比，杉木－樟树混交林和杉木－桤木混交林中的杉木增大对深层土壤水的利用率是对种间水源竞争的响应，也是植物水分利用策略可塑性较强的表现。事实上，许多植物在功能上发展出“二态”根系，允许它们根据外界条件变化而变换其水分利用来源（Dawson and Pate, 1996；Liu *et al.*, 2010；Nie *et al.*, 2011），这可能是杉木能灵活调整其对各层土壤水利用比例的原因之一，与 Yang 等（2015a）的研究一致。此外，树木根际区性状也在植物水分利用策略方面发挥了重要作用（Moreno - Gutiérrez *et al.*, 2012；Brum *et al.*, 2019）。本研究中，细根生物量是导致杉木纯林和混交林中杉木对各层土壤水利用率产生差异的主要因素（图 5-6、图 5-7），这主要与以下两方面的原因有关。一方面，细根具有较大的表面积和较强的生理活性，是树木汲取水分和养分的主要器官（McCormack *et al.*, 2015；Hu *et al.*, 2021）。另一方面，细根在土壤剖面内的重新分布和代谢活性对于植物适应环境变化至关重要（Kulmatiski and Beard, 2012）。因此，杉木－樟树混交林和杉木－桤木混交林中的杉木在深层土壤中具有更高的细根生物量，相应地提高了对深层土壤水的利用率；同时这一结果也从侧面证实杉木是一个具有较强利用深层土壤水能力的树种，有利于其在植物群落中的生存生长。

除细根生物量外，本研究中，杉木的水分利用格局受植物生理特性的影响。具体地，杉木对深层土壤水的利用率与气孔导度和蒸腾速率呈正相关，而与清晨水势呈负相关，这与以往的研究结果基本上一致（O’Keefe *et al.*, 2019），说明杉木需通过气孔调节和叶片清晨水势的降低来增加对深层土壤水的利用，以满足其蒸腾的需求。更重要的是，树木可以调整其表型的可塑性（气孔导度和清晨水势，通常被认为是植物水分状态的直接生理表现）来调节水力特性和水分利用策略（Ryel *et al.*, 2004；West *et al.*, 2007）。纯林中杉木具有较高的清晨水势和较低的气孔导度及蒸腾速率，本研究表明尽管纯林中杉木可吸收利用一定比例的深层土壤水，但这些水分可能不足以补偿其生长季节蒸腾的损失。因此，纯林中的杉木通过优化气孔调节来限制蒸腾速率，以确保稳定持续的水分供应和生理代谢活动。相反，混交林中杉木较低的清晨水势增加了其对深层土壤水的吸收利用，同时维持较高的气孔导度，从而促进叶片蒸腾作用和碳同化速率。这些结果进一步加强了在生长季深层土壤水对杉木蒸腾作用贡献比浅层土壤水更大的认识。

叶片生物量是影响植物水分利用格局的另一关键因素。有趣的是，我们发现叶片生物量对杉木植物利用浅层和深层土壤水比例的影响有差异，这与 Zhang 等（2020b）的研究结果一致，这种不一致的影响与蒸腾拉力有关。鉴于蒸腾作用是植物吸水的驱动力，而蒸腾作用的强度主要受叶片生物量影响（Forrester *et al.*, 2010；Rothfuss and Javaux, 2017），纯林中杉木的叶片生物量较小，蒸腾作用和吸水的驱动力较弱，进而促进杉木对浅层土壤水的吸收利用（图 5-4）。相反，混交林和杉木－桤木混交林中的杉木的叶片生物量高，叶片清晨水势低，意味着叶片与土壤之间的水势梯度小（Bucci *et al.*, 2005），植物吸水的动力强，从而驱动混交林中杉木对深层土壤水的利用（Markewitz *et al.*, 2010）。因此，与纯林中杉木相比，混交林（杉木－樟树和杉木－桤木混交林）中杉木对深层土壤水的利用率更高。与此同时，一些研究表明，叶片生物量较高的树木对光的截留能力更强，使植物能够承担更多深层细根生长的碳成本（Kim *et al.*, 2016；Brum *et al.*, 2019），这进一步解释了为什么混交林中的杉木对深层土壤水利用率更高。

土壤属性（包括总孔隙度和田间持水量）可以通过影响土壤的水力传导性和持水能力来调控树木的水分利用（Metzger *et al.*, 2017；Zhang *et al.*, 2019b）。值得注意的是，我们发现土壤属性并不是影响杉木水分利用格局的主要驱动因子。这可能是由于只有当土壤含水量是限制性因素时，土壤水力参数才能显著影响植物的水分利用格局（Coners and Leuschner, 2005）。本研究中，采样期间 3 个不同类型杉木人工林的土壤含水量均在植物水分供应的最佳范围内（0.5 ～ 0.8 倍田间持水量）（Feddes *et al.*, 2001；Volkmann *et al.*, 2016）。因此，杉木与阔叶树种樟树 / 桤木混交后改变了林地土壤的持水能力，影响了杉木的水分利用率。相关研究表明，土壤属性可以通过改变或与植物属性共同调控植物的水分利用策略（Wang *et al.*, 2020b；Zhang *et al.*, 2020b；Agee *et al.*, 2021），这可能是导致土壤属性对杉木水分利用率影响相对较低的原因之一。

本章节，我们基于杉木植物茎（木质部）水的氢氧同位素组成分析并耦合贝叶斯混合模型（MixSIAR）探究不同类型杉木人工林中杉木与其混交优势阔叶树种（樟树 / 桤木）的水分利用策略，并利用随机森林模型量化并揭示影响杉木水分利用格局的主要驱动因子。研究表明，杉木的水分利用格局随人工林类型的变化而变化。纯林中杉木倾向于吸收利用近期降水提供的浅层土壤水。与纯林中杉木相比，杉木与樟树 / 桤木混交后的杉木显著提高了对深层土壤水的利用率，降低了对浅层土壤水的利用率。杉木纯林与混交林中杉木水分利用率的差异主要与植物属性的差异有关。杉木 - 樟树混交林和杉木 - 桤木混交林中杉木通过增加深层细根生物量、调控生理特性（气孔调节和降低叶片水势）以及提高叶片生物量等自身植物特性促进对深层土壤水的利用率。上述结果对我们的启示主要包括以下两个方面。首先，纯林中杉木对降水变化更加敏感，且生长季节趋向于利用 0 ～ 60 cm 深处土壤水，虽然这种水分利用格局有利于杉木最大限度的利用降水，但可能不利于其抵御该地区频发的季节性干旱事件。相比之下，混交林中杉木增加对深层土壤水的利用率，并通过调控自身属性与混交的阔叶树种樟树 / 桤木表现出水文生态位分化，从而降低各树种之间的水分竞争，增强其对亚热带地区极端降水和季节性干旱事件的适应能力，最终提高群落的稳定性和生产力。其次，杉木的水分利用格局受降水量级的影响，强调了不同量级降水在影响树木水分利用格局方面的重要性。因此，在今后的研究中须更多关注不同季节不同量级降水对植物水分利用过程的影响，深入地了解树种与可变水文条件之间的相互作用，从而更加准确地预测和揭示人工林植被结构对气候变化的响应机制。综上所述，我们的研究结果可以为中亚热带地区与水有关的植被恢复和人工林经营管理措施的制定提供重要的科学依据。

第六章

杉木人工林优势植物水分利用效率

植物水分利用效率（WUE）即植物二氧化碳同化与蒸腾耗水的比率，是联系森林生态系统碳水循环的关键变量，可反映植物光合与蒸腾作用对周围环境变化的响应，评估植物对环境变化的适应能力（Pronger *et al.*, 2019）。然而，不同林分类型中同一树种可能采取不同的水分利用策略来应对环境变化（Thomas *et al.*, 2022）。有生态学学者认为，混交林中不同植物相互作用引起资源（尤其是水资源）的高效利用是提升其生态系统服务的关键。Wang 等（2020b）研究表明，陕西延安刺槐可从与臭椿（*Ailanthus altissima*）和山杏（*Armeniaca sibirica*）的混交成林中获益，与相应的纯林相比，混交林中所有树种均表现出更高的水分利用效率。有研究表明，混交林可通过影响水分的可利用性或林内小气候（如空气湿度的增加、叶内外蒸气压差的降低、树木蒸发需求的降低等）引起树木水分利用效率的下降（Conte *et al.*, 2018；Jansen *et al.*, 2021）。从第五章也可以了解到人工林类型对植物水分利用率的影响，但基于优势树木水分利用效率对人工林类型响应的认识尚不足，这限制了我们更精确评估混交林作为亚热带人工林应对气候变化的管理措施的能力。

诸多学者试图揭示植物水分利用效率的驱动因子（Forrester *et al.*, 2010；Wang *et al.*, 2020b），但目前对于引起树木水分利用效率变化的主导因素尚未达成共识。局域尺度的研究表明，水分利用效率主要受植物功能型和生理特性的调控。如 Brooks 等（1997）等指出，功能类型对植物水分利用效率的解释率高达 50% 以上。事实上，树木的正常生理活动受植物特性（Gaines *et al.*, 2016；Liu *et al.*, 2021b）和土壤特性（Paillassa, *et al.*, 2020）的共同影响，其中某个因素的微小变化均可能诱导水分利用效率的较大变化。近年来，越来越多的研究强调植物生理特性对植物水分利用效率的重要性（Guerrieri *et al.*, 2019），如气孔行为、C 同化及树冠结构（Prechsl *et al.*, 2015；Pretzsch and Schütze, 2016）。此外，有研究表明土壤特性会通过土壤水分可利用性来影响树木的水分利用效率（Maxwell *et al.*, 2018；Wang *et al.*, 2021）。总之，植物特性和土壤特性如何相互作用驱动植物水分利用效率的变化尚不清楚。

在第四章和第五章部分，我们基本上厘清了大气降水在不同类型杉木人工林间截留、转化和存蓄的差异，并明确了这些差异对不同类型杉木人工林中优势植物水分利用率的影响，但杉木与阔叶树种混交后导致植物和土壤性质的变化是否会引起林中优势树种水分利用效率的变化仍需进一步验证。前人研究表明 WUE 与植物叶片碳同位素组成呈正相关（Farquhar *et al.*, 1982），因而，通过分析植物叶片 $\delta^{13}C$ 组成可定量阐明植物的长期水分利用效率（Farquhar *et al.*, 1982；Nock *et al.*, 2011；Zhao *et al.*, 2021）。鉴于此，本章节我们以碳稳定同位素为技术手段，分析中亚热带生长季杉木纯林、杉木－樟树混交林和杉木桤木混交林中杉木叶片碳同位素组成定量计算其长期水分利用效率，同时探究净光合速率、蒸腾速率、气孔导度和土壤理化性质如何影响不同类型杉木人工林中优势植物的水分利用效率。

第一节　杉木人工林优势植物叶片 $\delta^{13}C$ 及其水分利用效率

从图 6-1 可知，整体上，杉木叶片 $\delta^{13}C$ 及其水分利用效率随采样时间和林分类型的变化而变化。在生长季不同类型杉木人工林中，杉木叶片 $\delta^{13}C$ 值的范围为 −30.2‰ ～ −28.0‰，平均值为 −29.0‰。且杉木叶片 $\delta^{13}C$ 及其长期水分利用效率在不同类型人工林中差异显著［图 6-1（a）（b）］，其中，杉木－樟树混交林和杉木－桤木混交林中杉木叶片 $\delta^{13}C$ 的平均值分别为 −28.7‰ 和 −29.0‰，显著高于纯林中的杉木（−29.4‰）［图 6-1（a）］，其长期水分利用效率也呈现相似的规律［图 6-1（b）］，与纯林中杉木的长期水分利用效率相比（53.0 μmol/mmol），杉木－樟树混交林（60.9 μmol/mmol）和杉木－桤木混交林（57.1 μmol/mmol）中杉木的水分利用效率分别显著提高 14.91% 和 7.74%（$P < 0.05$）。杉木－樟树混交林杉木叶片 $\delta^{13}C$ 值和水分利用效率显著高于樟树，杉木－桤木混交林中杉木叶片 $\delta^{13}C$ 值和水分利用效率显著高于桤木（图 6-2）。

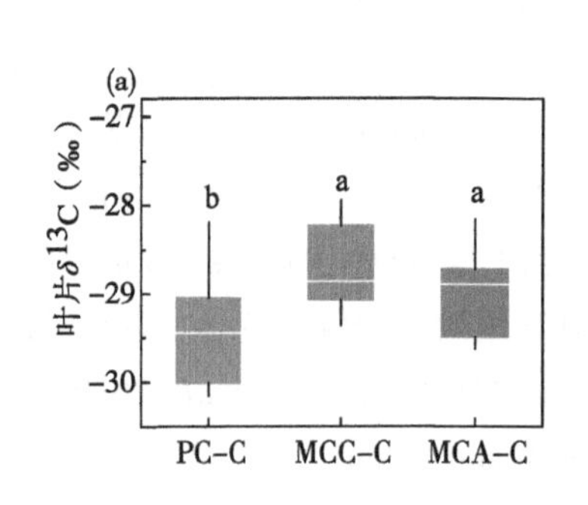

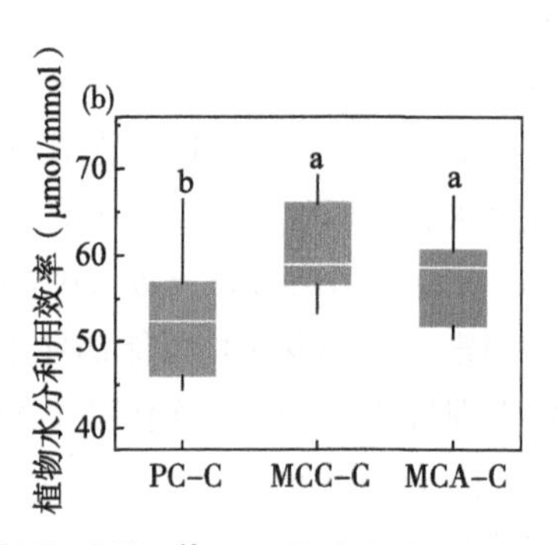

图 6-1　生长季不同类型杉木人工林中杉木叶片 $\delta^{13}C$ 及其植物水分利用效率

注：不同的小写字母代表 3 个不同类型杉木人工林间差异显著（$P < 0.05$）。PC-C 为纯林中杉木；MCC-C 为杉木－樟树混交林中杉木；MCA-C 为杉木－桤木混交林中杉木。

本研究收集整理了全球其他气候区主要树种叶片 $\delta^{13}C$ 的数据，分析生长季杉木叶片 $\delta^{13}C$ 与全球其他树种叶片 $\delta^{13}C$ 的差异。由图 6-3 可知，热带森林植物叶片 $\delta^{13}C$ 均值最低为 −31.4‰，温带和北方森林树种均值为 −27.5‰，而干旱与半干旱地区森林中植物叶片 $\delta^{13}C$ 均值最高为 −25.6‰。

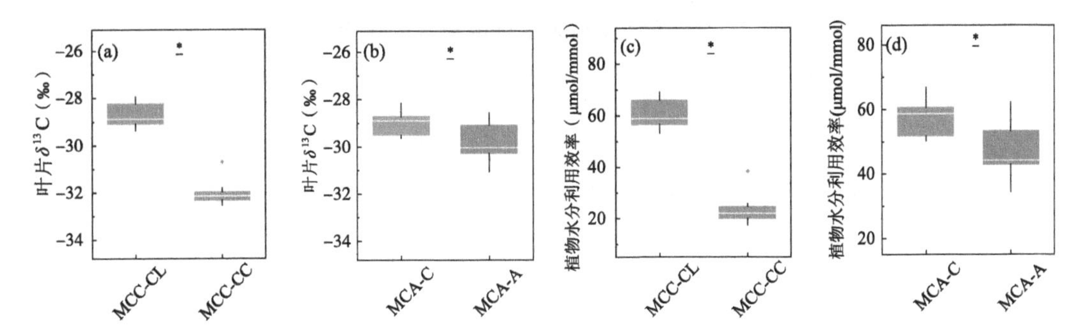

图 6-2　混交林中杉木 δ^{13}C 与阔叶树种 δ^{13}C 及其水分利用效率的比较

注：* 代表混交林中树种间差异显著。MCC–CL 为杉木 – 樟树混交林中杉木；MCC–CC 为杉木 – 樟树混交林中樟树；MCA–C 为杉木 – 桤木混交林中杉木；MCA–A 为杉木 – 桤木混交林中桤木。

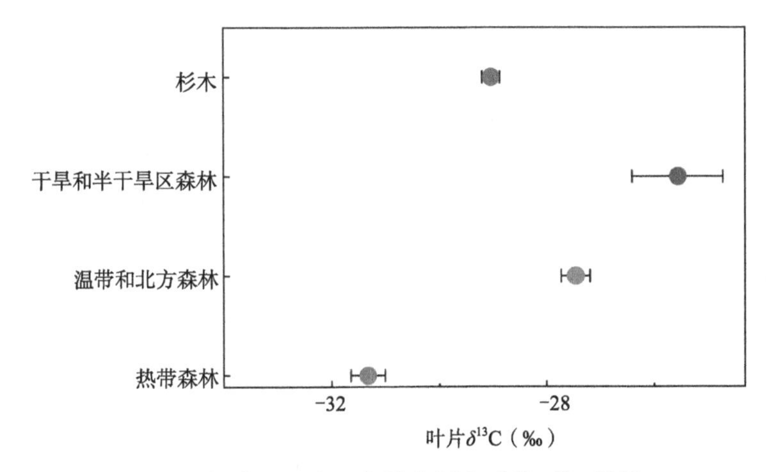

图 6-3　全球不同地区森林中树木叶片 δ^{13}C 均值

第二节　杉木人工林中的优势植物光合气体交换参数

由表 6-1 可知，3 个不同类型杉木人工林中的优势植物杉木的光合气体交换参数存在差异。生长季，杉木纯林、杉木 – 樟树混交林和杉木 – 桤木混交林中的杉木蒸腾速率的均值分别为 1.36 mmol/（m^2 · s）、2.24 mmol/（m^2 · s）和 2.84 mmol/（m^2 · s），其中杉木 – 桤木混交林中杉木的蒸腾速率显著高于纯林中的杉木。生长季杉木 – 樟树混交林和杉木 – 桤木混交林中杉木的净光合速率分别为 4.99 μmol/（m^2 · s）和 4.95 μmol/（m^2 · s）皆高于纯林中杉木的 2.44 μmol/（m^2 · s）（$P < 0.05$），与纯林相比，混交林中杉木的气孔导度分别增加 205.41% 和 186.49%（$P < 0.05$）。

表 6-1 生长季不同类型人工林中杉木的光合生理特性

人工林类型	净光合速率 [μmol/(m²·s)]	气孔导度 [mol/(m²·s)]	蒸腾速率 [mmol/(m²·s)]
杉木纯林(PC-C)	2.44 ± 1.65b	0.04 ± 0.02b	1.36 ± 1.02a
杉木-樟树混交林(MCC-C)	4.99 ± 3.05a	0.11 ± 0.07a	2.24 ± 1.44ab
杉木-桤木混交林(MCA-C)	4.95 ± 2.38a	0.11 ± 0.10a	2.84 ± 2.82a

注:不同的小写字母代表不同类型杉木人工林间差异性显著($P < 0.05$)。

第三节 不同类型杉木人工林的土壤特性比较

由图 6-4 可知,与杉木纯林(PC)相比,中亚热带湖南会同杉木-樟树混交林(MCC)和杉木-桤木混交林(MCA)的土壤容重分别显著降低 3.57% 和 4.29%;而总孔隙度、田间持水量分别增大 14.57% 和 9.32%、25.63% 和 16.38%($P < 0.05$)。此外,与纯林相比,混交林的土壤有机质含量均提高 10.80%($P < 0.05$),但土壤含水量在 3 个不同类型杉木人工林间差异不显著。

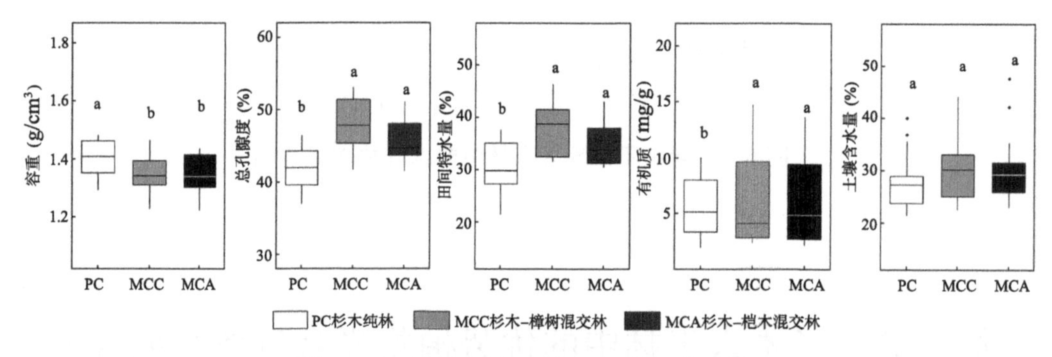

图 6-4 不同类型杉木人工林的土壤特性

注:不同小写字母代表不同类型杉木人工林间差异性显著($P < 0.05$)。

第四节 杉木水分利用效率的主要驱动因子

为探究影响杉木长期水分利用效率(WUE)的主要驱动因子,我们采用 Pearson 相关分析探究了潜在驱动因子包括植物光合生理特性、土壤特性与杉木长期水分利用效率之间的协同关系(图 6-5)。结果表明,杉木叶片水分利用效率与田间持水量、总孔隙度和有机质之间均存在显著的正相关，而与土壤含水量和土壤容重之间存在显著的负相关（$P<0.05$）。杉木叶片水分利用效率与气孔导度之间相关性不显著（$P>0.05$）。此外，杉木水分利用效率随着净光合速率的增加而显著增加，但随着蒸腾速率的增加而显著降低（图6-5）。可见，杉木的水分利用效率主要受植物属性（光合生理特性）与土壤属性（土壤性质）的共同影响。

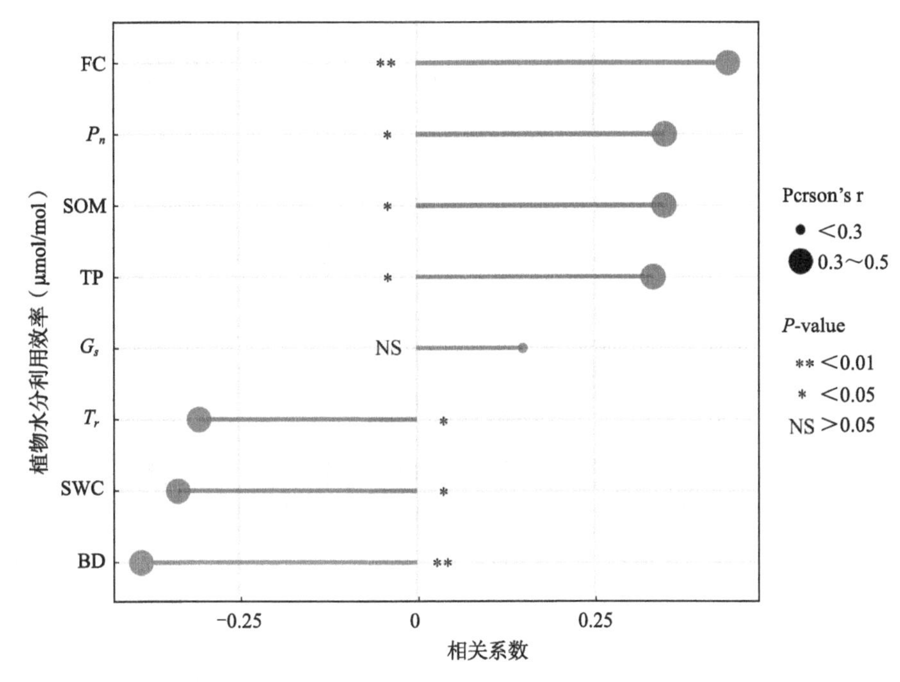

图 6-5　杉木水分利用效率与各影响因子的相关分析

注：线条表示 P 值。点表示相关系数。FC、P_n、SOM、TP、G_s、T_r、SWC 和 BD 分别代表田间持水量、净光合速率、土壤有机质、总孔隙度、气孔导度、蒸腾速率、土壤含水量和容重。

第五节　杉木水分利用效率的主要影响因子分析

基于各影响因子与杉木长期水分利用效率（WUE）之间的相关关系，我们构建了结构方程模型以揭示驱动杉木 WUE 变化的主要因子。通过分析所有变量和路径，该模型解释了杉木长期水分利用效率 50% 的变异（图 6-6），其中，净光合速率和有机质对杉木水分利用效率具有显著的直接正效应（图 6-7），路径系数分别为 0.84 和 0.35，而气孔导度和土壤含水量对杉木水分利用效率具有直接的负效应，路径系数分别为 -0.57 和 -0.50。此外，气孔导度对水分利用效率的间接影响最大，气孔导度主要通过净光合速率和蒸腾速率间接影响杉木水分利用效率。总之，杉木 WUE 最重要的影响因素为净光合速率，再者为气孔导度、土壤性质（土壤含水量和有机质含量）。

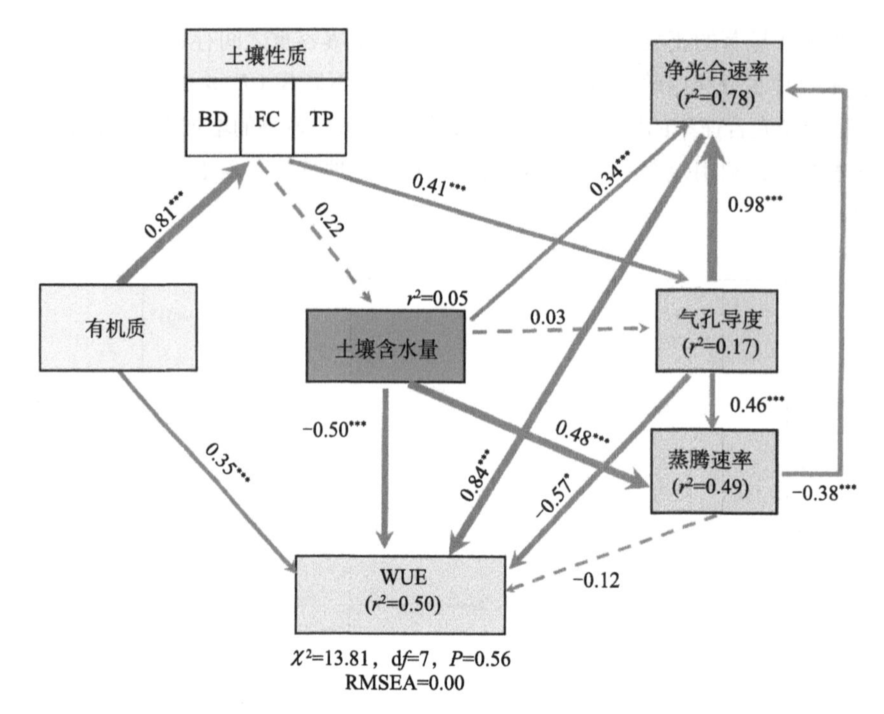

图 6-6　杉木水分利用效率与生物和非生物因子间的关系

注：BD 为容重；FC 为田间持水量；TP 为总孔隙度；WUE 为水分利用效率。

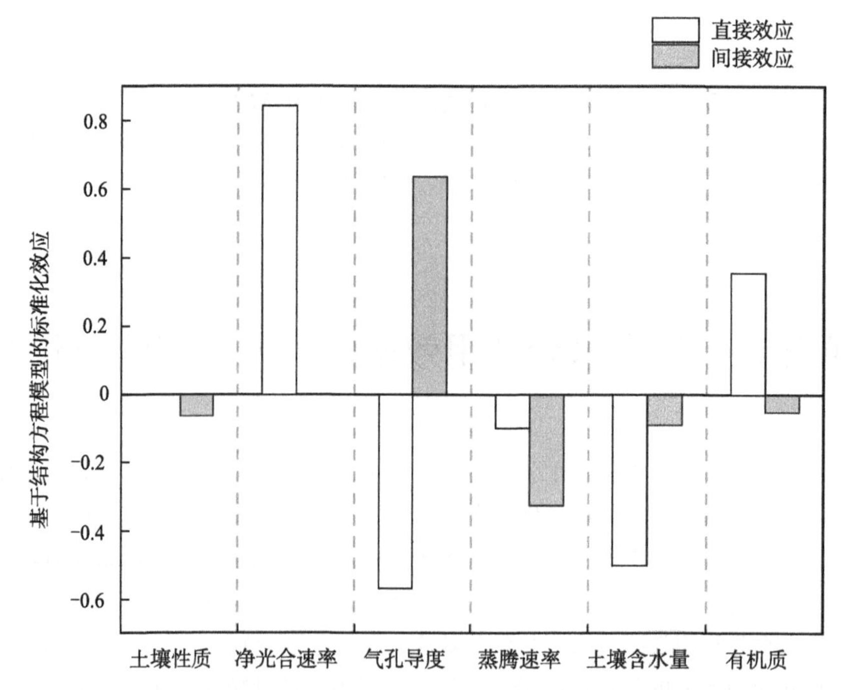

图 6-7　各影响因子对杉木水分利用效率标准化效应结构方程模型分析

第六节 讨论

一、不同类型杉木人工林中的杉木水分利用效率的比较

在生长季，我国中亚热带湖南会同地区杉木人工林中的杉木叶片 $\delta^{13}C$ 值变化范围为 -30.2‰ ～ -28.0‰，而全球 C_3 植物 $\delta^{13}C$ 值的变化范围为 -35‰ ～ -20‰（O'Leary, 1981）。叶片 $\delta^{13}C$ 值可用来指示 C_3 植物的长期水分利用效率。基于数据整合分析发现，与全球其他地区森林植物叶片 $\delta^{13}C$ 值相比，杉木叶片 $\delta^{13}C$ 均值为 -29.0‰，高于热带森林植物叶片 $\delta^{13}C$ 均值（-31.4‰；图 6-3），低于温带森林和干旱与半干旱地区森林中植物叶片 $\delta^{13}C$；表明中亚热带杉木的水分利用效率高于热带森林植物水分利用效率，低于温带地区、干旱与半干旱地区森林植物水分利用效率。这可能主要与不同地区降水量大小以及土壤水分可利用性有关（Li *et al*., 2017b）。干旱与半干旱地区降水量较小，土壤水分可利用性较低，植物通常采用更保守的水分利用策略，气孔导度和胞间 CO_2 浓度低，而水分利用效率高（Ma *et al*., 2005）。而本研究区位于我国中亚热带地区，最高降水量接近于热带地区降水量，两者的年均降水量丰富（1200 ～ 3700 mm），为植物生存提供良好的水分条件，从而导致植物水分利用效率偏低。表明干旱与半干旱地区植物倾向于采用更保守的水分利用策略（水分利用效率高）；而湿润地区植物具有更挥霍的水分利用策略（水分利用效率低）（Matteo *et al*., 2014）。

植物长期水分利用效率作为联系森林生态系统碳 - 水循环的关键环节，被认为是评估植物耗水量与生产力的重要参数（Medlyn *et al*., 2017）。本研究中，混交林中杉木的水分利用效率显著高于纯林中的杉木，表明混交林中杉木蒸腾每消耗一单位的水能固定更多的碳，从而获得更高的生物量，且对亚热带地区季节性干旱的抵御能力更强（Donovan *et al*., 2007；Campitelli *et al*., 2016）。混交林中杉木水分利用效率的提高可能主要有以下两方面的原因。首先，不同树种混交后可通过改变光照条件影响树木的 WUE（Forrester and Smith, 2012）。本研究中，杉木 - 樟树混交林和杉木 - 桤木混交林中杉木的树高皆高于樟树和桤木（表 6-2），导致混交杉木人工林的树冠分层，使这 2 个混交林中的杉木比纯林中杉木具更高的光截留量，增加羧化速率和碳同化能力，从而提高了杉木水分利用效率。其次，混交林不同树种间相互作用通过改变水分和养分等资源利用和分配格局，从而影响其植物的水分利用效率。前人研究表明，由于气孔调节，植物对深层土壤水的利用率与其长期水分利用效率存在显著的正相关关系（Ding *et al*., 2021；Jiang *et al*., 2020）。研究发现在该地区杉木混交林中，与杉木共存优势植物之间，出现水文生态位分化导致混交林中杉木对深层土壤水的利用率显著高于纯林中的杉木（Zhang *et al*., 2022a）。因此，与纯林中杉木相比，混交林中杉木具有更高的水分利用效率，对未来多变的亚热带地区季节性干旱环境的适应能力更强（Zhao *et al*., 2021）。此外，不类型杉木人工林中的杉木水分利用效率的差异可能与

叶龄有关。如孔令仑等（2017）在亚热带地区的研究发现一年生杉木叶片的水分利用效率高于2年生和3年生杉木叶片的水分利用效率，但由于本研究主要测定一年生以上杉木叶片的碳同位素组成，因而导致纯林与混交林中杉木水分利用效率差异是否与叶龄有关需进一步研究。此外，杉木－樟树混交林和杉木－桤木混交林中杉木的水分利用效率显著高于樟树/桤木，这主要由于树种功能性状的不同。与阔叶树种樟树/桤木相比，杉木叶片角质层发达、比叶面积大、气孔密度小（梁文斌等，2010；王宁等，2013；任世奇等，2016），因此，杉木叶片 δ^{13}C 值和水分利用效率皆高于樟树/桤木的。

表 6-2 混交林中优势树种平均树高

树种（林分类型）	平均树高（m）
杉木（杉木－樟树混交林，MCC–CL）	18.05 ± 2.43a
樟树（杉木－樟树混交林，MCC–CC）	16.06 ± 0.33a
杉木（杉木－桤木混交林，MCA–C）	18.32 ± 1.69a
桤木（杉木－桤木混交林，MCA–A）	14.08 ± 0.88b

二、影响杉木水分利用效率变化的主要驱动因子

本研究发现，土壤含水量对湖南会同杉木水分利用效率（WUE）具有负向影响，这与以往的研究结果基本一致（Matteo *et al.*, 2014）。土壤含水量对杉木 WUE 的负效应主要归因于以下两个方面。一方面，土壤水分亏缺会影响植物对 ^{13}C 和 ^{12}C 的甄别，减少对 ^{13}C 的排斥，直接导致其叶片 δ^{13}C 和 WUE 的增加（沈芳芳等，2017）。另一方面，气孔导度、净光合速率和蒸腾速率随土壤含水量的降低而降低。实际上，与光合速率相比，气孔导度对水分亏缺更为敏感（Lawlor and Tezara, 2009）。当土壤含水量下降时，气孔导度的降低会限制植物蒸腾和碳同化，进而提高水分利用效率（Niu *et al.*, 2011）。因此，土壤含水量可以直接或间接地影响杉木的水分利用效率。但研究期间杉木纯林、杉木－樟树混交林和杉木－桤木混交林中土壤含水量差异不显著，因而仅考虑土壤含水量仍不能很好地解释该研究区不同类型杉木人工林中的杉木水分利用效率的差异。

本研究得出，植物光合特性对杉木水分利用效率的调控作用远高于土壤含水量，表明在区域范围内可通过优化植被结构来改变优势树种碳－水协调关系的可能性。结构方程模型（SEM）结果进一步显示，杉木的水分利用效率主要取决于净光合速率和气孔导度（图 6-6；图 6-7），该结果与前人的研究相一致（Keitel *et al.*, 2006；Moreno-Gutiérrez *et al.*, 2012；Di Matteo *et al.*, 2017），强调了光合能力在调控植物水分利用效率方面的重要作用。实际上，气孔导度作为植物水分利用效率的重要驱动因子已被广泛认可（Gagen *et al.*, 2011；Martin-StPaul *et al.*, 2017）。气孔是植物气体交换的主要通道，可介导 CO_2 和 H_2O 在叶片光合作用羧化位点和大气之间的转换通量（Niu *et al.*, 2023）。气孔导度的降低可能导致进入叶片的 CO_2 通量下降，从而引起 *Ci*/*Ca* 的降低和水分利用效率的增加（Ma *et al.*, 2005）。另外，气孔导度可以通过调控光合作用和蒸腾作用间接影响植物的水分利用效率（Yang *et al.*, 2022b）。本研究发现，与气孔导度相比，净光合速率对杉木水分利用效

率的影响最大，这可能与两者对水分利用效率的调控作用在大多数情况下是解耦的有关（Guerrieri *et al.*, 2019）。因而，在湿润地区，当气孔导度不是主要限制因子时，植物水分利用效率会主要受净光合速率的影响。实际上，净光合速率反映了大气中 CO_2 供应与植物叶绿体酶同化 CO_2 能力之间的权衡（Larcher, 2003；Cornwell *et al.*, 2018）。净光合速率较高的植物气体交换速率快，叶片内 CO_2 浓度低，从而引起 C_i/C_a 的降低和水分利用效率的增加（Farquhar and Richards, 1984；Li *et al.*, 2017b）。在本研究中，混交林中杉木的净光合速率和气孔导度高于纯林中的杉木，但由于两者的非平行变化，且考虑到净光合速率对 WUE 的正效应高于气孔导度的负效应，因此，混交林中的杉木水分利用效率高于纯林中的杉木。鉴于氮是叶绿素、光合羧化酶和叶绿体类囊体膜蛋白的必需元素，以及植物光合作用对氮的高度依赖性，本研究中混交林中杉木叶片较高的氮含量（表 6-3），表明光合速率的提高在增强混交林中杉木水分利用效率方面的重要作用，也为解析混交林中的杉木光合速率提升机制提供科学依据。

表 6-3　不同类型杉木人工林中杉木叶片全氮含量

变量	杉木纯林	杉木－樟树混交林	杉木－桤木混交林
叶片全氮含量 (g/kg)	11.31±2.19b	12.74±1.83a	12.50±1.99ab

注：不同的小写字母代表不同类型杉木人工林间差异性显著（$P < 0.05$）。

以往的研究中，关于土壤理化性质与植物水分利用效率相互作用关系的研究较少。本研究发现土壤有机质在杉木水分利用效率中发挥重要作用。这一现象可通过土壤有机质与土壤理化性质和土壤养分元素之间的相关关系得到解释。实际上，土壤有机质是土壤氮、磷等养分的主要来源，可提供地上植物光合作用所需（Saikia *et al.*, 2015）。本研究中，杉木－樟树混交林和杉木－桤木混交林中土壤有机质高于杉木纯林，这可能是上层优势乔木光合作用提供充足的养分供应，致使混交林中的杉木具有较高的水分利用效率。

本章节以碳稳定同位素（$\delta^{13}C$）为技术手段，评估了研究区生长季不同类型杉木人工林中杉木的长期水分利用效率，结合结构方程模型（SEM），揭示了影响杉木长期水分利用效率的主要调控因素。本研究发现，与纯林中的杉木相比，混交林中的杉木表现出较高的水分利用效率。结合结构方程模型，进一步揭示植物光合特性（净光合速率和气孔导度）是影响杉木长期水分利用效率主要的直接调控因子，土壤含水量和土壤有机质也是调控杉木水分利用效率的主要因子。在杉木－樟树混交林和杉木－桤木混交林中，由于树种特性的差异，杉木与樟树 / 桤木的水分利用效率差异较大，且杉木与阔叶树种混交后随着光照和土壤性质的改善，杉木光合能力增加，水分利用效率提高，从而优化群落内部水资源分配和利用，增强抵御季节性干旱的能力，有利于提升杉木人工林生态系统稳定性和可持续发展。此外，尽管我们的研究结果强调了植物属性对水分利用效率的重要性，但土壤属性在调控杉木水分利用效率方面也发挥了重要作用。因此，在未来的研究中，不能简单地将植物水分利用效率的变化归结于光合生理特性的变化，应考虑植物属性和土壤属性的综合影响。以上研究结果进一步加强了植物生理生态特征、固碳和植物水分利用之间相互作用机制的理解，可为我国亚热带地区退化人工林植被恢复和人工林可持续经营管理提供重要理论依据。

第七章

杉木人工林各水体转化关系

水是森林生态系统物质循环和能量传递的载体，在植物个体生长发育、生态系统功能维持方面扮演着十分重要的角色（汤显辉等，2020；徐庆等，2023）。土壤、植物和大气在陆地表面形成连续体（soil-plant-atmosphere continuum，SPAC）。森林生态系统作为物质和能量交换的重要场所，森林的土壤－植物－大气连续体（SPAC）是陆地重要的水循环连续界面过程（李龙等，2020）。降水是森林生态系统水循环过程的输入端，输入林中的降水，一部分被冠层拦截后经蒸发重新返回大气（Mitchell *et al*., 2012）；另一部分降水转为地表径流，剩余的大部分降水则输入土壤中，这部分水分以蒸发、下渗和植物吸收利用等途径在土壤界面重新分配，最终实现区域生态系统水分收支的动态平衡（Dai *et al*., 2020a）。因此，厘清降水在森林生态系统中 SPAC 各个界面的迁移转换过程对于我们认识森林生态系统水文功能、科学评价和管理区域水资源具有十分重要的意义。

氢和氧稳定同位素广泛存在于自然界各种形态的水体中（如大气降水、地表水、土壤水等）（郝玥等，2016；徐庆等，2020），是天然的示踪剂。由于水在森林生态系统中迁移转化、水汽交换过程中存在氢氧同位素分馏作用（Ren *et al*., 2013），因此，可通过比较分析生态系统中各水体的氢氧同位素组成，探究不同水体间的转化关系。目前，基于氢氧同位素的研究多集中于降水（Samuels-Crow *et al*., 2014；曾帝等，2020）、土壤水（徐庆等，2007；Xu *et al*., 2012；马菁等，2016）、地下水（Song *et al*., 2009）等单一或几种水体，很少将整个人工林生态系统作为一个整体来研究（徐庆等，2023）。尽管部分学者开展了多种不同水体的迁移转化关系研究，但这些研究大多在干旱、半干旱地区进行（徐学选等，2010；邓文平等，2017），关于湿润地区不同水体之间的相互作用和转化过程的研究仍较为匮乏，尤其是在季节性干旱发生频率较高的亚热带人工林地区（Tang *et al*., 2014）。因此，本章基于碳、氢、氧稳定同位素技术，探究我国中亚热带地区不同类型杉木人工林（杉木纯林、杉木－樟树混交林和杉木－桤木混交林）中大气降水、优势树种木质部水、地表水和浅层地下水的氢氧同位素特征及其相互关系，旨在从稳定同位素角度揭示杉木人工林生态系统中各水体的迁移转化规律，为我国亚热带区域水循环过程和水资源的科学管理提供理论依据。

第一节　杉木人工林各水体的氢氧同位素组成

不同类型杉木人工林中各水体 δD 和 δ^{18}O 的变化范围如图 7-1 所示。研究期间，会同地区大气降水 δD 和 δ^{18}O 值变化范围较大，分别为 -124.79‰ ~ 2.81‰ 和 -18.91‰ ~ 0.14‰；与大气降水相比，浅层地下水、溪水的 δD 和 δ^{18}O 的变化范围相对较小，溪水 δD 和 δ^{18}O 的均值分别为 -37.54‰ 和 -6.58‰，浅层地下水 δD 和 δ^{18}O 的均值分别为 -36.19‰ 和 -6.37‰。杉木人工林土壤水 δD 和 δ^{18}O 变化范围分别为 -98.98‰ ~ -42.44‰ 和 -15.88‰ ~ -5.18‰，均值分别为 -61.13‰ 和 -8.79‰。对于植物茎（木质部）水而言，杉木、樟树和桤木植物水 δD 的变化范围分别为 -100.89‰ ~ -40.41‰、-95.48‰ ~ -44.47‰ 和 -99.37‰ ~ -44.57‰；杉木、樟树和桤木植物水 δ^{18}O 的变化范围分别为 -13.87‰ ~ -4.43‰、-12.60‰ ~ -5.53‰ 和 -13.82‰ ~ -6.18‰。杉木、樟树和桤木植物水 δD 的均值分别为 -57.81‰、-61.59‰ 和 -63.78‰；杉木、樟树和桤木植物水 δ^{18}O 的均值分别为 -7.71‰、-8.93‰ 和 -9.00‰。

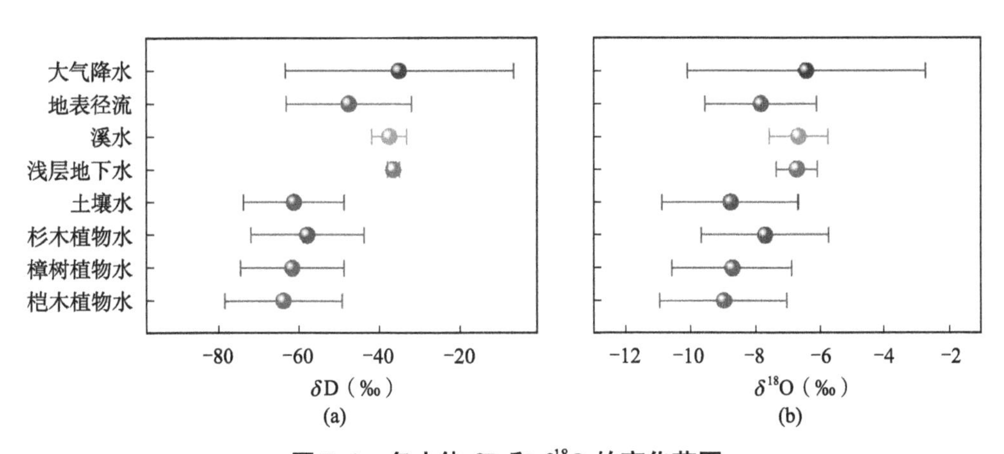

图 7-1　各水体 δD 和 δ^{18}O 的变化范围

第二节　杉木人工林各水体 δD 和 δ^{18}O 的关系

一、杉木纯林各水体 δD 和 δ^{18}O 的关系

从杉木纯林中各水体 δD（δ^{18}O）的关系可知（图 7-2），研究期间，浅层地下水、地表径流和溪水的 δD 的均值分别为 -36.19‰、-47.44‰ 和 -37.54‰，浅层地下水、地表径流和

溪水的 $\delta^{18}O$ 的均值分别为 -6.37‰、-7.83‰ 和 -6.58‰。地表径流 δD 和 $\delta^{18}O$ 均值的点落在湖南会同地区大气降水线上并稍偏右下方，而浅层地下水和溪水的 δD 和 $\delta^{18}O$ 均值的点落在会同大气降水线上并稍偏左上方（图 7-2），表明大气降水补给地表径流的过程中存在一定的蒸发分馏。纯林中杉木植物（木质部）水 δD 和 $\delta^{18}O$ 的均值分别为 -60.97‰ 和 -8.56‰，土壤水 δD 和 $\delta^{18}O$ 的均值分别为 -60.04‰ 和 -8.86‰，其中杉木植物水 δD 和 $\delta^{18}O$ 均值的点与林地土壤水 δD 和 $\delta^{18}O$ 均值点接近，表明杉木纯林中的杉木植物水主要来源于林地土壤水。

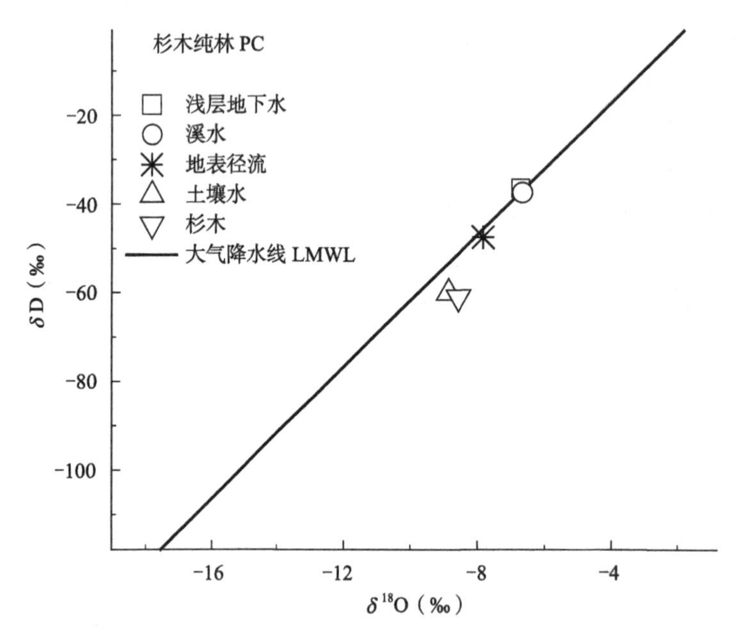

图 7-2 杉木纯林中各水体 δD（$\delta^{18}O$）的关系

二、杉木 - 樟树混交林各水体 δD 和 $\delta^{18}O$ 的关系

研究期间杉木 - 樟树混交林中浅层地下水、地表径流、溪水的 δD（$\delta^{18}O$）均值变化见图 7-3。林中土壤水 δD 和 $\delta^{18}O$ 的均值分别 -61.32‰ 和 -8.74‰（图 7-3），且均值落在湖南会同地区大气降水线右侧，表明降水在转为杉木 - 樟树混交林中土壤水的过程中受到蒸发分馏的影响。林中杉木植物水 δD 和 $\delta^{18}O$ 的均值分别为 -54.73‰ 和 -7.10‰，樟树植物水 δD 和 $\delta^{18}O$ 的均值分别为 -61.59‰ 和 -8.73‰，其中杉木和樟树植物水 δD 和 $\delta^{18}O$ 均值均与土壤水 δD（$\delta^{18}O$）均值接近，说明杉木 - 樟树混交林中优势树种杉木和樟树的植物水主要来源于林地土壤水。

三、杉木 - 桤木混交林各水体 δD 和 $\delta^{18}O$ 的关系

研究期间，杉木 - 桤木混交林中的浅层地下水、地表径流、溪水的 δD（$\delta^{18}O$）的均值

变化见图 7-4。从图 7-4 可知，林中土壤水 δD 和 δ^{18}O 的均值分别为 -63.78‰ 和 -8.76‰，其 δD 和 δ^{18}O 均值落在会同大气降水线的右下方，表明降水在转化为杉木 - 桤木混交林土壤水的过程中受到蒸发分馏的影响。林中杉木植物水 δD 和 δ^{18}O 的均值分别为 -62.03‰ 和 -7.47‰，桤木植物水 δD 和 δ^{18}O 的均值分别为 -57.72‰ 和 -8.99‰，其中杉木和桤木植物水 δD 和 δ^{18}O 均值与林地土壤水 δD 和 δ^{18}O 均值接近，表明杉木 - 桤木混交林中优势树种杉木和桤木的植物水主要来源于林地土壤水。

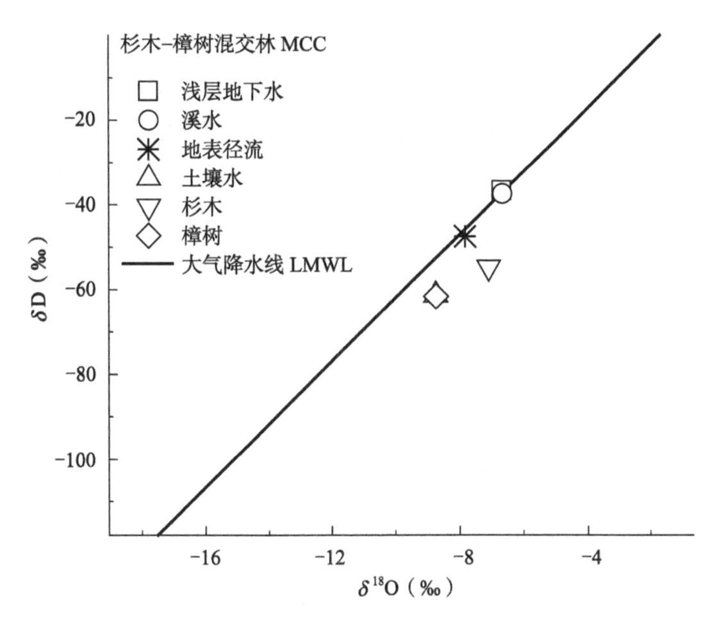

图 7-3　杉木 - 樟树混交林中各水体 δD（δ^{18}O）的关系

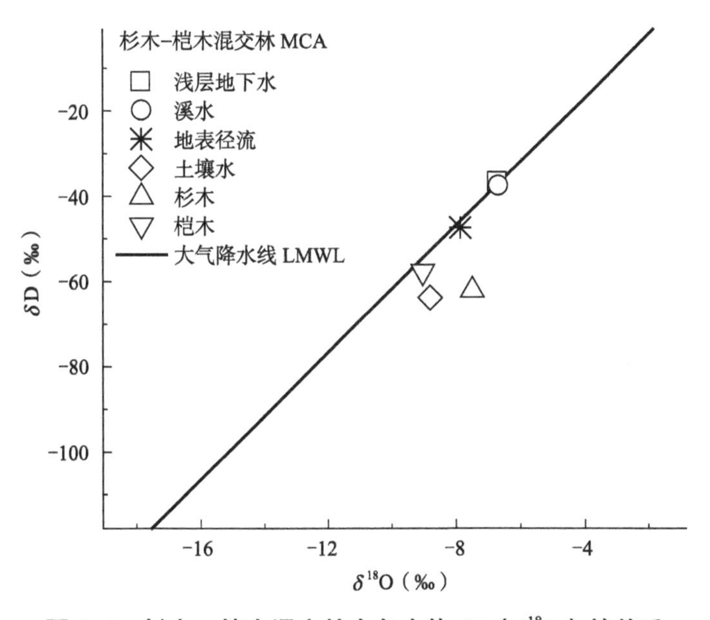

图 7-4　杉木 - 桤木混交林中各水体 δD（δ^{18}O）的关系

第三节　降水－地表水－浅层地下水之间的转化

通过对会同地区大气降水－地表水－浅层地下水的 δD（$\delta^{18}O$）组成分析（图 7-5），其地表径流 δD 和 $\delta^{18}O$ 分别在 -84.78‰ ～ -20.37‰ 和 -12.51‰ ～ -5.10‰ 波动，地表径流 δD 和 $\delta^{18}O$ 线性方程为 $\delta D = 8.77\delta^{18}O + 21.23$（$R^2 = 0.95$，$P < 0.01$）。溪水和浅层地下水的 δD 和 $\delta^{18}O$ 的线性方程分别为 $\delta D = 7.97\delta^{18}O + 14.90$（$R^2 = 0.96$，$P < 0.01$）和 $\delta D = 0.96\delta^{18}O - 29.95$（$R^2 = 0.14$，$P < 0.01$）。由图 7-5 可知，浅层地下水 δD（$\delta^{18}O$）值主要分布在会同地区大气降水线的附近；地表径流 δD（$\delta^{18}O$）则主要分布在会同地区大气降水线上，并偏右下方，表明大气降水是该研究区地表径流和浅层地下水的主要补给源，且在迁移转化中经历了一定程度的蒸发富集。

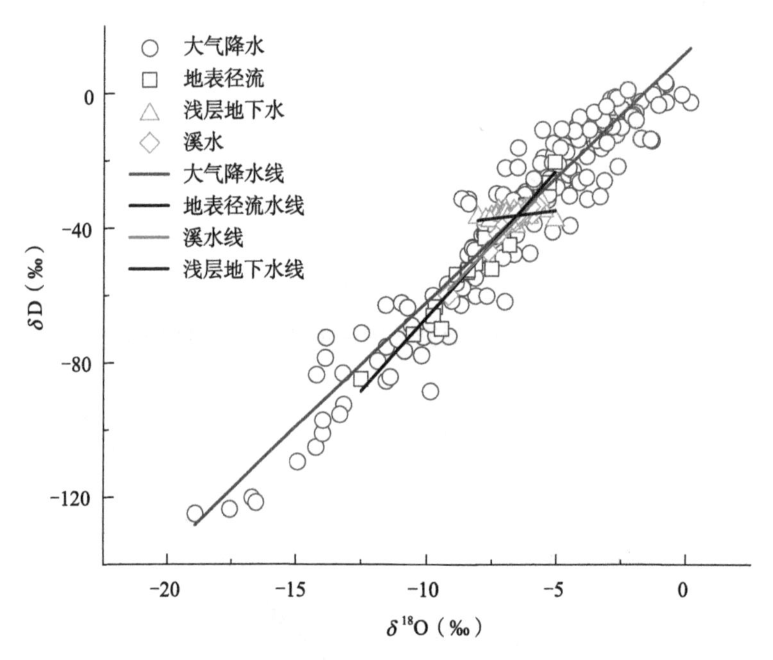

图 7-5　大气降水－地表水－浅层地下水 δD（$\delta^{18}O$）的关系

第四节　降水－土壤水－浅层地下水之间的转化

在湖南会同地区 3 个不同类型杉木人工林中，土壤水 δD（$\delta^{18}O$）的散点均主要位于该地区大气降水线和浅层地下水 δD（δ^{18}O）的散点的右侧（图 7-6），表明大气降水和浅层地下水是研究区 3 个不同类型杉木人工林土壤水的主要来源。杉木纯林、杉木 - 樟树混交林和杉木 - 桤木混交林中土壤水 δD 和 δ^{18}O 的线性拟合方程分别为 $\delta D = 5.42\delta^{18}O - 12.00$（$R^2 = 0.84$，$P < 0.01$）、$\delta D = 5.01\delta^{18}O - 17.53$（$R^2 = 0.75$，$P < 0.01$）和 $\delta D = 5.43\delta^{18}O - 14.49$（$R^2 = 0.76$，$P < 0.01$），3 个不同类型杉木人工林土壤水线的斜率均小于同时期会同地区大气降水线的斜率，表明大气降水在入渗补给杉木人工林土壤水的过程中经历了不同程度的蒸发分馏。浅层地下水 δD（δ^{18}O）的散点大多分布在当地大气降水线周围，接近同时期大气降水 δD（δ^{18}O），很大程度上继承了该地区大气降水 δD（δ^{18}O）的信息，表明浅层地下水主要受大气降水的补给。

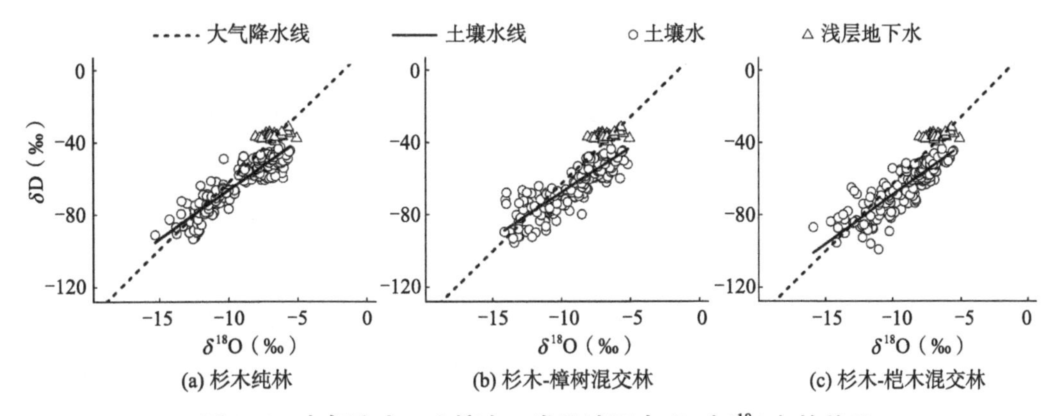

图 7-6　大气降水 - 土壤水 - 浅层地下水 δD（δ^{18}O）的关系

第五节　降水 - 土壤水 - 植物水之间的转化

一、杉木纯林

研究期间湖南会同杉木纯林中优势树种杉木植物水和土壤水的 δD 和 δ^{18}O 的交点大多位于当地大气降水线的右下方（图 7-7），表明大气降水在下渗至林地土壤的过程中受到一定程度的蒸发分馏。纯林中杉木植物水线为 $\delta D = 7.40\delta^{18}O - 2.41$（$R^2 = 0.79$，$P < 0.01$），土壤水线为 $\delta D = 5.42\delta^{18}O - 12.00$（$R^2 = 0.84$，$P < 0.001$）。从图 7-7 可以看出，纯林中杉木植物水 δD（δ^{18}O）的交点大部分与土壤水 δD（δ^{18}O）的交点重合，表明该研究区杉木纯林中杉木植物水主要来源于林地的土壤水。

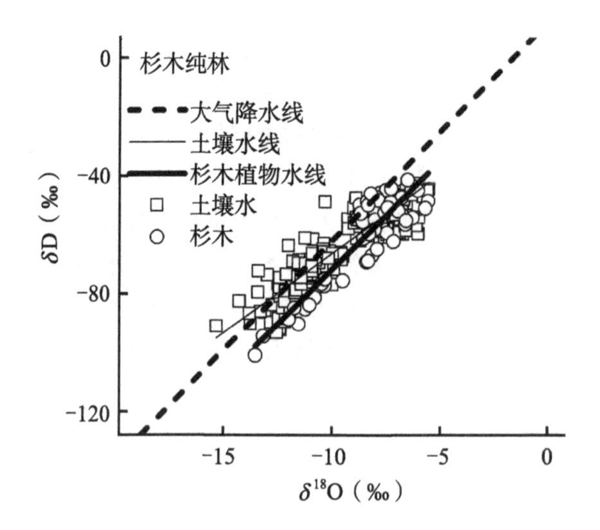

图 7-7 杉木纯林中降水、土壤水和杉木植物水 δD（δ^{18}O）的关系

二、杉木－樟树混交林

杉木－樟树混交林中优势树种（杉木、樟树）植物茎（木质部）水和土壤水的 δD（δ^{18}O）的散点大多位于湖南会同地区大气降水线的右下方（图 7-8），表明大气降水在下渗至林地土壤的过程中受到一定程度的分馏作用。杉木－樟树混交林土壤水线为 $\delta D = 5.01\delta^{18}O - 17.53$（$R^2 = 0.75$，$P < 0.001$），林中优势乔木杉木和樟树植物水线分别为 $\delta D = 6.20\delta^{18}O - 11.42$（$R^2 = 0.85$，$P < 0.01$）和 $\delta D = 6.47\delta^{18}O - 5.11$（$R^2 = 0.87$，$P < 0.01$），且两种植物茎（木质部）水 δD（$\delta^{18}$O）多落在林地土壤水线的周围，表明杉木－樟树混交林中优势乔木杉木和樟树植物水主要来源于林地的土壤水。

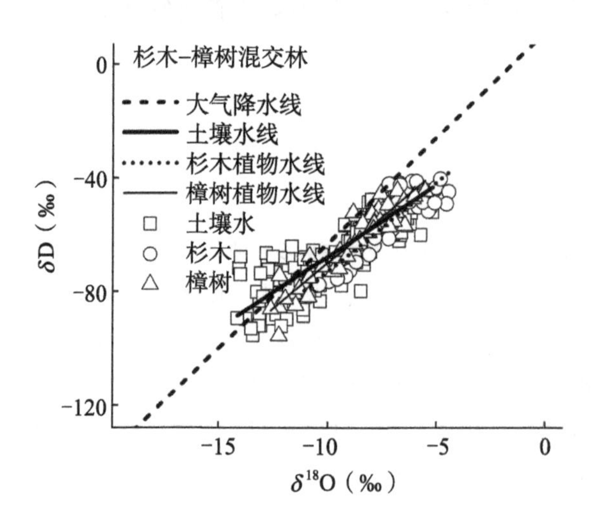

图 7-8 杉木－樟树混交林中降水、土壤水和优势植物水 δD（δ^{18}O）的关系

三、杉木－桤木混交林

研究期间，杉木－桤木混交林中优势乔木（杉木、桤木）木质部水和土壤水的 δD（δ^{18}O）的散点大多位于会同地区大气降水线的右下方（图 7-9），表明大气降水在下渗至林地土壤的过程中受到一定程度的分馏作用。杉木－桤木混交林土壤水线为 $\delta D = 5.43\delta^{18}O - 14.49$（$R^2 = 0.76$，$P < 0.001$），林中优势树种杉木和桤木植物水线分别为 $\delta D = 6.26\delta^{18}O - 10.29$（$R^2 = 0.78$，$P < 0.01$）和 $\delta D = 7.04\delta^{18}O - 0.45$（$R^2 = 0.89$，$P < 0.01$），且两种植物（木质部）水 δD（δ^{18}O）多落在土壤水线的周围，接近土壤水 δD（δ^{18}O）值，表明杉木－桤木混交林中优势树种杉木和桤木植物水主要来源于林地的土壤水。

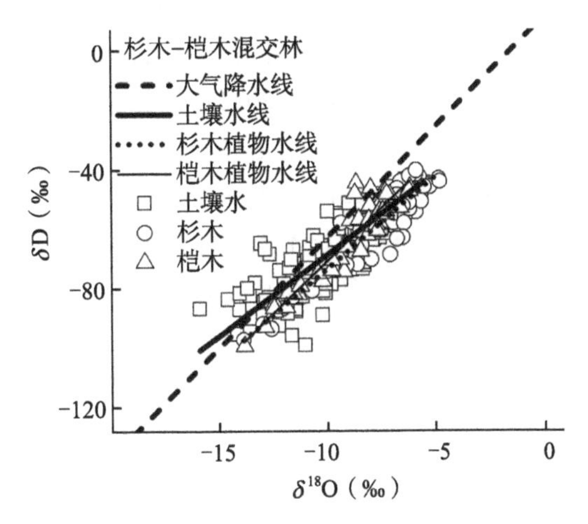

图 7-9　杉木－桤木混交林中降水、土壤水和优势植物（木质部）水 δD（δ^{18}O）的关系

第六节　讨论

研究期间，中亚热带湖南会同 3 个不同类型杉木人工林中各水体的氢氧同位素组成表现出不同的变化特征，这与前人的研究结果相似（翟远征等，2011；邓文平等，2017），表明不同水体的补排方式存在差异，且在转化过程中，其分馏作用的程度不同（房丽晶等，2021）。在所有水体中，大气降水 δD 和 δ^{18}O 的变化幅度最大，这主要是因为大气降水在传输过程中受水汽来源、环境条件以及局地气候等多种因素的影响，每一因素的变化均会引起降水氢氧同位素组成的变异。在本研究中，大气降水是地表水、浅层地下水和土壤水的主要补给源。输入杉木人工林的降水，一部分经过林冠截留返回到大气中；剩余大部分则穿过林冠层转变为地表径流、土壤水和浅层地下水。从大气降水－地表水－浅层地下水氢氧同位素组成的分布来看，地表径流（地表水）和浅层地下水主要受大气降水的补给。其中，地表径流 δD（δ^{18}O）的变化趋势与大气降水 δD（δ^{18}O）类似，而浅层地下水

δD（δ^{18}O）的变化则相对稳定，这一现象主要归于两个方面。一方面，短期降水对浅层地下水的影响较小，其补给地下水的过程存在一定的滞后性（姚天次等，2016）；另一方面，浅层地下水可能还受其它水体的补给（田超，2015）。同时，本研究发现，地表水水线的斜率和截距与大气降水线的斜率和截距存在较大差异，这与前人的研究结果一致（房丽晶等，2021），表明大气降水转化为地表径流时会受到一定蒸发作用的影响。另外，浅层地下水和溪水的 δD 和 δ^{18}O 的变化范围小于地表径流的，表明浅层地下水、溪水和地表径流之间具有紧密的水力联系。

在本研究中，3 个不同类型杉木人工林中土壤水 δD（δ^{18}O）和浅层地下水 δD（δ^{18}O）均分布在大气降水线附近，表明大气降水是 3 个杉木人工林土壤水和研究区浅层地下水的主要补给源，这与前人的研究一致（Song *et al.*, 2011）。值得注意的是，本研究中土壤水 δD（δ^{18}O）和浅层地下水 δD（δ^{18}O）存在明显的差异，这可能是由于该地区存在“生态水文隔离现象”（Evaristo *et al.*, 2015；Zhang *et al.*, 2022a）。也就是说，大气降水进入土壤后形成两个不同的水库，一个是束缚水库，另一个是移动水库，可补给地表径流和地下水；两者的迁移转化路径不同（Brooks *et al.*, 2010），从而导致土壤水和浅层地下水的 δD（δ^{18}O）差异显著。此外，本研究中 3 个不同类型杉木人工林土壤水线的斜率和截距均小于大气降水线的斜率和截距，这主要是因为大气降水在转化为各林地土壤水时受到蒸发富集作用的影响。

大气降水并非植物的直接水源，降水只有转化为土壤水或者浅层地下水才能被地上植物吸收利用（Evaristo *et al.*, 2015）。本研究发现，3 个不同类型杉木人工林中优势植物（杉木、樟树和桤木）茎（木质部）水 δD（δ^{18}O）值接近土壤水的 δD（δ^{18}O）值，而与浅层地下水的 δD（δ^{18}O）值存在显著差异，说明土壤水是 3 个不同类型杉木人工林中优势植物水的主要来源，这与以往在亚热带地区的研究结果一致（Dai *et al.*, 2020a），但其最终也主要来源于大气降水。通过进一步分析发现，杉木－樟树混交林中杉木植物水线的斜率和截距更接近土壤水线的斜率和截距，而阔叶树种樟树植物水线略有偏离，这可能与两者水分来源的主要土壤层次不同有关，杉木－桤木混交林中也呈现相似的规律，结合第五章的植物水分利用的研究结果进一步表明针阔混交林中针叶树种杉木和阔叶树种（樟树 / 桤木）存在一定的水文生态位分化。

中亚热带湖南会同地区杉木人工林生态系统中优势树种（杉木、樟树和桤木）植物茎（木质部）水、土壤水、地表水和浅层地下水主要来源于大气降水。其中，人工林中优势树种（杉木、樟树和桤木）植物水的直接来源是土壤水，混交林中杉木植物水线的斜率和截距较阔叶树种（樟树 / 桤木）相比更接近土壤水线的斜率和截距，进一步证明了杉木与阔叶树种之间存在一定的水文生态位分化。地表水和浅层地下水之间存在密切的水力关系。浅层地下水受短期降水的影响小，其 δD 和 δ^{18}O 值较为稳定，并且降水对浅层地下水的补给也存在滞后性。

第八章

杉木人工林对关键水文过程的调控作用

森林对水文过程的调节作用是其重要的生态功能，也是评价森林生态系统服务功能的重要指标。森林的林冠层、凋落物层和土壤层是调节生态系统水文过程的重要组成部分。当降水到达林冠时，部分降水被冠层及枝干截留，统称为冠层截留。被截留的部分降水以蒸发散的形式返回大气中，故降水分成截留降水、穿透水和树干茎流3种路径。穿透水和树干茎流到达土壤层并与凋落物层相互作用，对森林生态系统养分循环和能量传输起着关键作用（Pereira *et al*., 2022）。在森林生态系统中，凋落物层是森林涵养水源的第二功能层，可以影响入渗到土壤中的水通量。覆盖在森林土壤表面的凋落物不仅可增加林地地表粗糙度、减缓雨水下渗，还能减小雨水对地表的溅蚀，降低水分蒸发（Ponder *et al*., 2012）。研究表明，凋落物拦蓄的降水超过林地径流量的60%（刘世荣等，2003；赵亮生等，2013），这对实现森林截留降水、降低雨水入渗和减缓径流形成等水文功能具有重要作用（Lu *et al*., 2019；张瑛等，2021）。此外，凋落物层是连接森林植被与土壤的重要媒介，其自身的归还和分解过程可促进养分循环，改善土壤结构，提高林地土壤对水分的调蓄功能（Wang *et al*., 2014；Kooch *et al*., 2017；Cai *et al*., 2020；Xu *et al*., 2020）。

近几十年来，国内外学者针对不同区域、不同林分类型凋落物水文效应展开了研究，如张薰元等（2021）研究发现，马尾松与阔叶树种桂南木莲（*Manglietia chingii*）和伯乐树（*Bretschneidera sinensis*）混交后，马尾松人工针阔混交林凋落物的现存量最大，水文功能最强，证明了凋落物储量对水分截留的重要性，且通过熵权法分析发现，凋落物器官密度、现存量和有效拦蓄量在评价凋落物层水文功能中所占的权重最大。马书国等（2010）和秦倩倩等（2019）的研究发现森林中半分解层凋落物截持和拦蓄水分的水文功能更优，这主要由于与未分解层相比，半分解层凋落物的分解速度快，吸水的表面积更大。在人工模拟降水实验中，Sato 等（2010）研究指出凋落物水文功能主要取决于降水强度和叶片形态特征。除叶片形态外，影响凋落物水文功能的生物学特性还包括植被类型、结构、组成和凋落物分解程度。近年来的研究表明，针阔混交林凋落物层的水文功能优于针叶纯林，这主要是因为凋落物储量和凋落物混合分解的拮抗效应。

土壤层是森林生态系统涵养水源的关键组成部分，降水在土壤中入渗过程对降水分配及生态系统的水文过程具有重要影响。土壤水分入渗可分为三个阶段：第一阶段土壤含水量较低，入渗速率一般较大；第二阶段入渗速率减小，过多的降水在土壤表面积累；第三阶段为剖面控制阶段，入渗速率稳定。土壤水分入渗的主要影响因素包括土壤质地、土壤孔隙状况、降水量和植被特征等（程然然，2020）。土壤质地越重，土壤的黏粒含量则越高、粒间空隙越小，土壤水分入渗率或入渗量越小（杨弘和杨威，2013）。土壤水分入渗过程与土壤总孔隙度、毛管孔隙度和非毛管孔隙度之间呈线性正相关关系（张侃侃等，2011）。不同林分类型对土壤水分入渗过程具有调节作用，这主要通过对土壤结构产生影响而实现。有研究表明，阔叶林土壤水分入渗率大于针叶林；与纯林相比，混交林可显著增加林地土壤的孔隙度以提高土壤的持水能力及入渗性能。

前人关于不同林分类型对人工林水文过程调控作用的研究多基于传统水文学研究方法，且对一些关键的水文过程定量化研究仍不足。且由于森林生态系统的复杂性、环境条件的时空异质性，不同林分类型人工林的关键水文过程可能存在差异，导致有些研究结果仍存在争议。因此，本章以我国中亚热带湖南会同地区不同类型杉木人工林为研究对象，对其凋落物水文特性的相关指标进行测定与分析，并运用稳定同位素技术对降水在土壤剖面中的入渗过程及降水对各层土壤水的贡献率进行定量研究，以探究不同类型杉木人工林对关键水文过程的调控作用，为杉木人工林生态系统服务功能评估提供科学的理论依据。

第一节 杉木人工林凋落物层水文效应

一、不同类型杉木人工林凋落物储量分析

湖南会同不同类型杉木人工林凋落物总现存量表现为杉木－桤木混交林最高，杉木－樟树混交林次之，杉木纯林最低，且杉木纯林显著低于2个杉木混交林（$P < 0.05$）（表8-1）。3个不同类型杉木人工林各分解层凋落物的现存量不同，其中杉木纯林未分解层凋落物现存量显著低于杉木－樟树混交林和杉木－桤木混交林（$P < 0.05$）；半分解层凋落物现存量表现为杉木纯林＞杉木－桤木混交林＞杉木－樟树混交林。不同类型杉木人工林凋落物未分解层和半分解层占总现存量的比例不同，其中杉木－樟树混交林未分解层占总现存量的比例最高，为49.49%，杉木纯林半分解层占总现存量的比例最高，为62.34%，且不同类型杉木人工林中半分解层占总现存量的比例均高于未分解层。

表 8-1 不同类型杉木人工林凋落物特征及现存量

林分类型	总现存量（t/hm^2）	未分解层		半分解层	
		现存量（t/hm^2）	占总现存量比例（%）	现存量（t/hm^2）	占总现存量比例（%）
杉木纯林	7.94±0.22b	2.99±0.46b	37.66	4.95±0.27a	62.34
杉木－樟树混交林	8.83±0.17a	4.37±0.83ab	49.49	4.46±0.75a	50.51
杉木－桤木混交林	8.88±0.53a	4.11±0.55a	46.28	4.77±1.00a	53.72

注：同列不同的小写字母表示不同类型杉木人工林间差异显著（$P < 0.05$）。

二、凋落物持水量随采样时间动态变化

通过分析湖南会同杉木人工林凋落物持水量与浸水时间的关系可知，在浸水 0 ～ 4 h 内，凋落物的持水量迅速增加，尤其是在前 0.5 h 内吸水量迅速增加；在 4 ～ 10 h 内，其凋落物持水量增加速率减缓，并逐渐趋于饱和；浸水 4 h 后，3 个不同类型杉木人工林凋落物的持水量已达 1406.00 ～ 2080.67 g/kg，占最大持水量的 75.95% ～ 84.33%，在上述不同浸水时间，未分解层和半分解层凋落物持水量均表现为杉木混交林（杉木－桤木混交林和杉木－樟树混交林）高于杉木纯林（图 8-1）。将不同类型杉木人工林各分解层凋落物持水量与浸水时间进行拟合发现，凋落物持水量随时间的动态变化符合自然对数方程

$$Q = at + b$$

式中：Q 为凋落物持水量（g/kg）；t 为凋落物浸水时间（h）；a 表示方程系数；b 表示方程常数项。

同时将其与实际结果进行比较，结果表明凋落物未分解层和半分解层持水量与浸水时间的拟合度参数（R^2）均大于 0.90（表 8-2）。

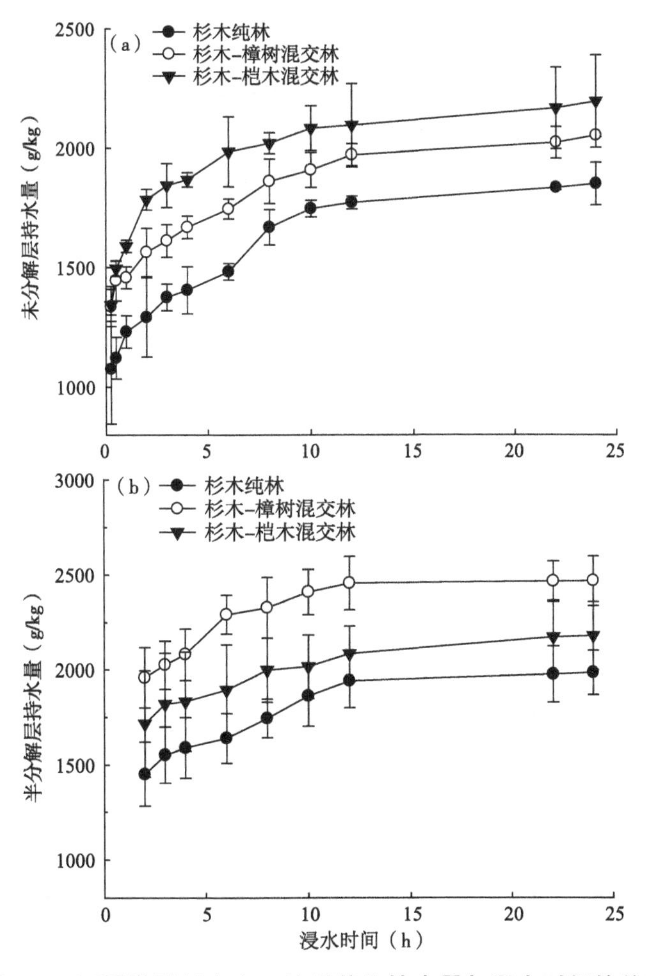

图 8-1　不同类型杉木人工林凋落物持水量与浸水时间的关系

表 8-2　凋落物持水量与浸水时间的拟合方程

林分类型	未分解层		半分解层	
	方程	R^2	方程	R^2
杉木纯林	$Q = 185.30\ln t + 1241.4$	0.9280	$Q = 192.74\ln t + 1369.8$	0.9697
杉木 – 樟树混交林	$Q = 162.25\ln t + 1504.6$	0.9423	$Q = 211.62\ln t + 1854.5$	0.9650
杉木 – 桤木混交林	$Q = 193.45\ln t + 1623.0$	0.9633	$Q = 204.90\ln t + 1552.3$	0.9944

三、凋落物吸水速率的动态变化

从图 8-2 可以看出，杉木人工林凋落物吸水速率随浸水时间的增加而降低，其吸水速率在 0 ～ 4 h 内最大，4 ～ 10 h 逐渐减缓，24 h 基本趋于饱和。通过对 3 个不同类型杉木人工林各分解层凋落物吸水速率（V）与浸水时间（t）进行拟合分析发现，凋落物吸水速率随采样时间的动态变化符合幂函数方程

$$V = kt^n$$

式中：V 为枯落物吸水速率，t 为浸泡时间，k 为方程系数，n 为指数。

并与实测值进行比较，研究发现湖南会同 3 个不同林分类型杉木人工林凋落物未分解层和半分解层持水速率的拟合度参数（R^2）均大于 0.99（表 8-3），表明 V、t 两者之间存在较好的相关性。

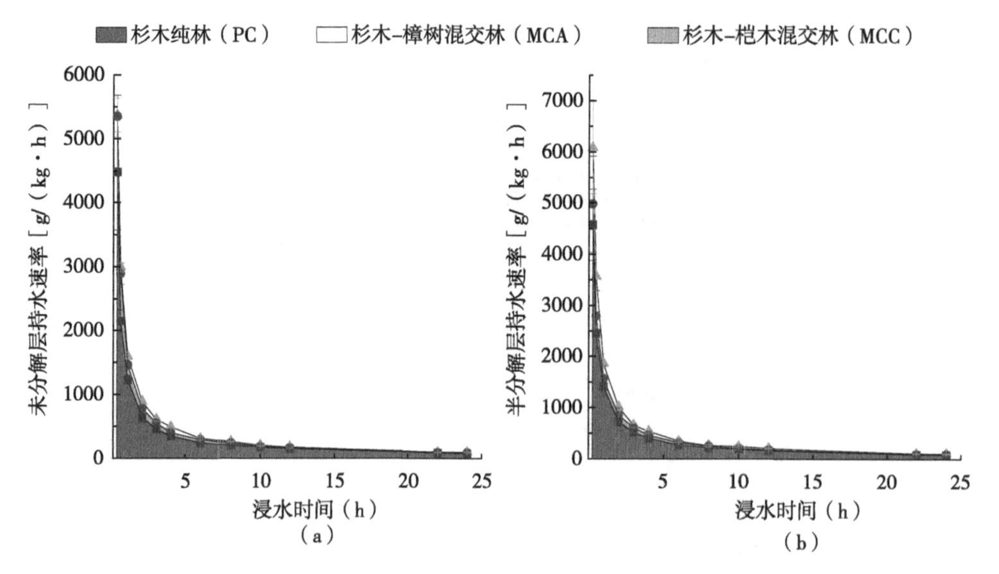

图 8-2　湖南会同不同类型杉木人工林凋落物吸水速率与浸水时间的关系

表 8-3　凋落物吸水速率与浸水时间的拟合方程

林分类型	未分解层		半分解层	
	方程	R^2	方程	R^2
杉木纯林	$V = 1230.1t^{-0.862}$	0.9985	$V = 1358.0t^{-0.876}$	0.9994
杉木－樟树混交林	$V = 1498.7t^{-0.903}$	0.9995	$V = 1826.1t^{-0.901}$	0.9990
杉木－桤木混交林	$V = 1608.7t^{-0.891}$	0.9994	$V = 1534.5t^{-0.880}$	0.9996

四、不同类型杉木人工林凋落物持水能力

从图 8-3 可知，湖南会同 3 个不同类型的杉木人工林凋落物未分解层最大持水率为 183.5%～239.5%，且杉木纯林未分解层最大持水率显著低于杉木－桤木混交林（$P < 0.05$）；其半分解层最大持水率为 207.40%～256.03%，杉木纯林凋落物半分解层最大持水率显著低于杉木－樟树混交林（$P < 0.05$）。不同类型的杉木人工林总最大持水量依次为：杉木－樟树混交林>杉木－桤木混交林>杉木纯林，且杉木－樟树混交林、杉木－桤木混交林的最大持水量显著高于杉木纯林（$P < 0.05$），分别为杉木纯林的 1.30 倍和 1.29 倍；杉木－樟树混交林和杉木－桤木混交林未分解层的最大持水量均在 8.00 t/hm^2 以上，显著高于杉木纯林的 5.54 t/hm^2（$P < 0.05$）；半分解层中，最大持水量依次为杉木－樟树混交林（11.00 t/hm^2）>杉木－桤木混交林（10.39 t/hm^2）>杉木纯林（9.82 t/hm^2），但 3 个不同类型杉木人工林之间差异不显著。

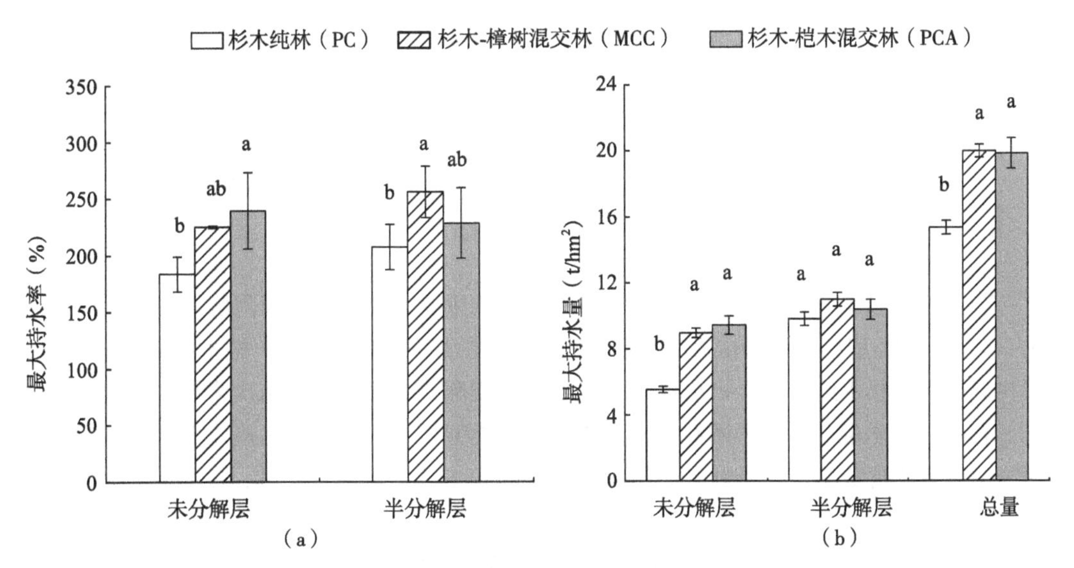

图 8-3　凋落物最大持水率及最大持水量

注：不同的小写字母代表 3 个不同类型的杉木人工林间差异性显著（$P < 0.05$）。

五、不同类型杉木人工林凋落物拦蓄能力

从图 8-4 中可以看出，3 个不同类型的杉木人工林凋落物有效拦蓄量存在差异，未分解层最大拦蓄率为 152.33% ～ 229.55%，且杉木纯林凋落物的最大拦蓄率显著低于杉木 - 樟树混交林和杉木 - 桤木混交林（$P < 0.05$）；半分解层最大拦蓄率在 164.82% ～ 228.00%，但 3 个不同类型的杉木人工林间无显著差异。杉木凋落物总最大拦蓄量为：杉木 - 桤木混交林＞杉木 - 樟树混交林＞杉木纯林，且杉木纯林显著低于杉木 - 樟树混交林、杉木 - 桤木混交林（$P < 0.05$；图 8-4b）。3 个不同类型的杉木人工林未分解层最大拦蓄量为 4.52 ～ 8.66 t/hm^2，且杉木混交林凋落物未分解层的最大拦蓄量均显著高于杉木纯林（$P < 0.05$）；3 个不同类型的杉木人工林半分解层最大拦蓄量的差异不显著，其变化范围为 8.10 ～ 9.47 t/hm^2。

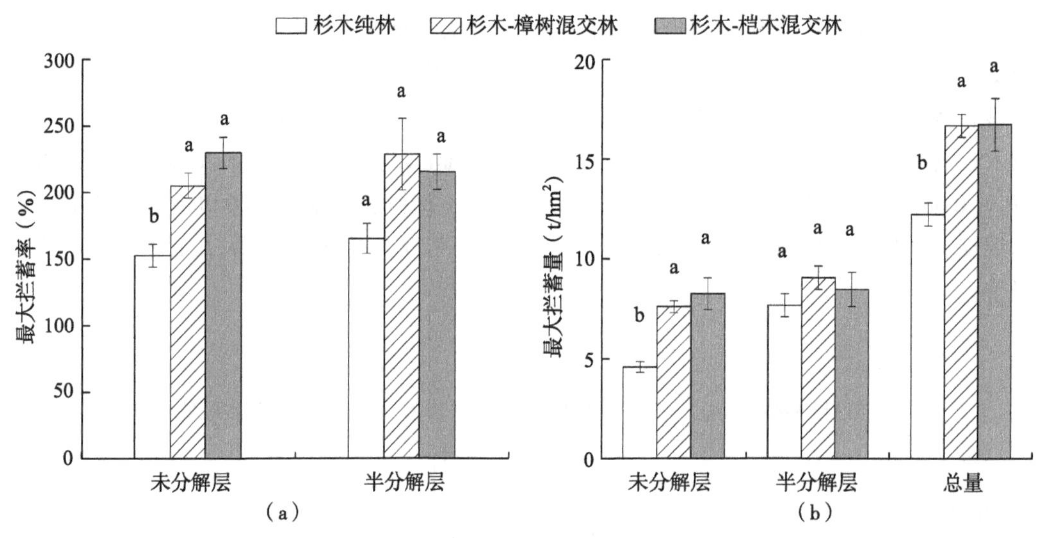

图 8-4　不同类型杉木人工林凋落物各分解层的最大拦蓄率及最大拦蓄量

注：不同的小写字母代表 3 个不同类型杉木人工林间差异性显著（$P < 0.05$）。

有效拦蓄量（率）作为评估凋落物持水特性的重要变量，可指征凋落物的实际拦蓄能力。3 个不同类型杉木人工林凋落物未分解层有效拦蓄率表现为杉木 - 桤木混交林＞杉木 - 樟树混交林＞杉木纯林（$P < 0.05$；图 8-5）；半分解层有效拦蓄率依次为杉木 - 樟树混交林＞杉木 - 桤木混交林＞杉木纯林，且 3 个不同类型杉木人工林之间差异不显著。杉木凋落物总有效拦蓄量变化范围为 10.26 ～ 14.75 t/hm^2，杉木 - 樟树混交林、杉木 - 桤木混交林均显著高于杉木纯林（$P < 0.05$）。未分解层中杉木 - 桤木混交林、杉木 - 樟树混交林的有效拦蓄量分别为 6.99 t/hm^2、7.18 t/hm^2，均显著高于杉木纯林（3.70 t/hm^2）；半分解层有效拦蓄量在 3 个不同类型杉木人工林间的差异不显著，为杉木 - 樟树混交林＞杉木 - 桤木混交林＞杉木纯林。

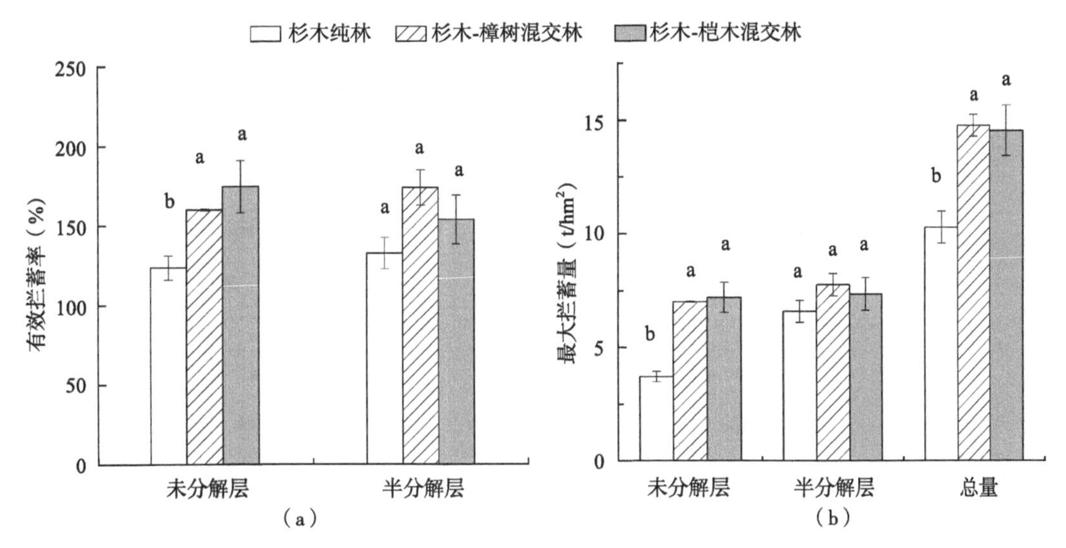

图 8-5 不同类型杉木人工林凋落物各分解层有效拦蓄率和有效拦蓄量

注：不同的小写字母代表 3 个不同类型的杉木人工林间差异性显著（$P < 0.05$）。

第二节 不同类型杉木人工林植被结构对降水在土壤剖面的入渗过程的调控作用

在中亚热带湖南会同 3 个不同类型杉木人工林中，小雨（8.5 mm）后第 1 天，林中 0 ～ 40 cm 深处土壤水 δD 值较雨前对照土壤水 δD 值向左偏移，表明小雨当天可入渗到 40 cm 深处土层，第 5 天其土壤水 δD 值较第 1 天向右偏移，到第 9 天已接近雨前对照水平，而 40 cm 以下各层土壤水 δD 值变化不明显，表明 8.5 mm 的小雨未入渗到 40 cm 以下土层［图 8-6（a）～（c）］；中雨（15.5 mm）后第 1 天，3 个不同类型杉木人工林 0 ～ 100 cm 深处土壤水 δD 值较雨前对照土壤水 δD 值向左偏移，且表层土壤的偏移程度高于深层土壤，之后逐渐向右富集，雨后第 7 天未恢复到雨前对照水平［图 8-6（d）～（f）］，表明中雨可入渗到 100 cm 土层，且与深层土壤水相比，表层土壤水 δD 受降水 δD 的影响更大；大雨（36.9 mm）后第 1 天，杉木纯林、杉木－樟树混交林和杉木－桤木混交林 0 ～ 100 cm 深处土壤水 δD 值较雨前对照土壤水 δD 值向左偏移，表明大雨后第 1 天可入渗到 100 cm 深处土层；降水后 5 ～ 9 天，各层土壤水 δD 值向右富集，并逐渐接近雨前水平［图 8-6（g）～（i）］。此外，与杉木纯林相比，大雨后这 2 个类型的杉木混交林土壤水 δD 值向左偏移，表明该研究区杉木混交林土壤水入渗过程中受贫化降水的影响比杉木纯林更大。

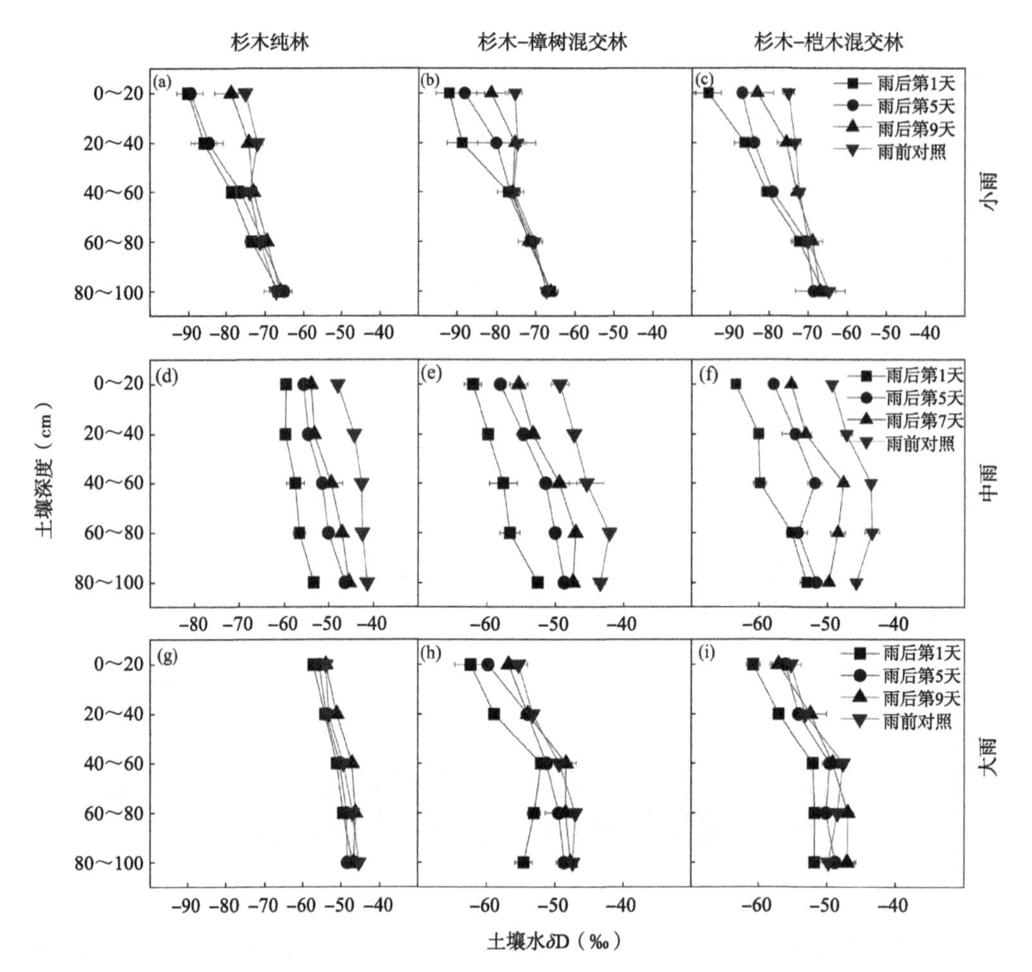

图 8-6　不同量级降水后不同类型杉木人工林土壤水 δD 垂直运移过程

如前所述，3 个不同量级降水对不同类型的杉木人工林土壤水的贡献率不同，其中小雨对各层土壤水的贡献率在 3 个不同类型的杉木人工林中差异不显著，且对 0 ～ 60 cm 浅层土壤水的贡献率最高，对 60 ～ 100 cm 深层土壤水的贡献率低；而中雨和大雨对杉木混交林各层土壤水的贡献率均高于杉木纯林，表明杉木混交林土壤对中雨和大雨在土壤剖面中的入渗和调控能力优于杉木纯林，尤其对 0 ～ 60 cm 深处土壤水的调控作用更为明显。

第三节　讨论

一、不同类型杉木人工林凋落物层对关键水文过程的调控作用

树种组成、林分结构、林分密度及凋落物分解的差异皆会引起人工林凋落物蓄积量的

不同。本研究发现，杉木纯林凋落物的现存量显著低于杉木－桤木混交林和杉木－樟树混交林，这与杨智杰等（2010）的研究结论基本一致，一方面这可能是在相近林分密度下，针叶树种杉木和阔叶树种混交后形成的相对复杂的林冠层，提高树木对光和养分等资源的利用率，促进林中树木地上部的生长有关。另一方面，Wang 等（2008）在该杉木人工林的研究表明，杉木与阔叶树混交后有助于改善林地土壤微生物特性和土壤肥力，且可提高杉木人工林氮代谢关键酶的活性，促进氮素转化利用，有利于植物生长发育（陈琴等，2017），从而导致杉木混交林凋落物储量增加。

本研究中，3 个不同类型杉木人工林凋落物累积持水量、吸水速率和浸水时间拟合的方程分别为 $Q = at+b$、$V = kt^n$（$R^2 > 0.90$），表明 3 个不同类型杉木人工林中凋落物吸水的动态变化过程受浸水时间的影响。降水前期由于凋落物比较干燥，表面水势低，从而引起杉木凋落物的瞬时吸水速率快速增加，无论未分解层还是半分解层，本研究 3 个不同类型杉木人工林凋落物浸水前期吸水速率增加最快，特别是在浸水 0.5 h 内，凋落物持水量迅速上升，随着浸水时间的延长，3 个不同类型杉木人工林凋落物的累积持水量不断增加，4 ～ 10 h 内，该林地凋落物持水量增加速率减缓，并逐渐趋于饱和，达到最大持水量后则不再增加（图 8-2），这与刘效东等（2013）对鼎湖山 3 种不同演替阶段森林中凋落物持水过程的研究结果相似，反映了在实际降水过程中凋落物对降雨的拦蓄过程。同时，在同一处理条件下，杉木凋落物半分解层的持水率和持水量均高于未分解层，可能是由于半分解层结构疏松多孔、表面积增大，并且有少量腐殖质的形成（林立文等，2020），能够吸持更多的水分。本研究发现，杉木针阔混交林未分解层和半分解层的最大持水率均高于杉木纯林，这主要与凋落物类型和吸水性能有关，杉木纯林中的凋落物以针叶为主，其叶片角质层发达韧性强，难分解的油脂含量高，亲水性差，导致其持水率较低；而杉木针阔混交林中的阔叶凋落物叶面积较大，与同等质量针叶凋落物相比可吸持更多的水分；再加上单位面积内针阔混交林的阔叶凋落物比重高于针叶纯林，因而与杉木纯林相比，杉木－樟树混交林和杉木－桤木混交林凋落物的持水率高。在本研究中，杉木－樟树混交林和杉木－桤木混交林凋落物最大持水量皆显著高于杉木纯林，表明杉木针阔混交林凋落物潜在的持水能力高于杉木纯林，这可能与其现存量有关，凋落物最大持水量随其蓄积量的增大呈线性增加，杉木与阔叶树种混交导致的凋落物储量增加可提高其最大持水潜能；另外，半分解层持水率对凋落物持水能力也有重要贡献（Wang *et al.*, 2007），3 种不同类型杉木人工林的凋落物均以半分解层为主（表 8-1），其中杉阔混交林半分解层的最大持水率高于杉木纯林。可见，在同等情况下杉木－樟树混交林和杉木－桤木混交林凋落物截留的水分更多。

本研究中，杉木纯林中未分解层和半分解层凋落物的最大拦蓄率、最大拦蓄量、总最大拦蓄量和有效拦蓄量均低于杉木－樟树混交林和杉木－桤木混交林，表明杉阔混交林凋落物层拦持降水的能力要强于杉木纯林，这与杉木－樟树混交林、杉木－桤木混交林凋落物储量以及分解程度高于杉木纯林有关，且相关研究也表明物种多样性对凋落物分解具有正向“非累加效应”（Liu *et al.*, 2016；Porre *et al.*, 2020），杉木与阔叶树混交后其凋落物的组成较杉木纯林复杂，种类更趋多样化，从而在凋落物－土壤界面形成多样的微生态环境，促进微生物活动，加快凋落物的分解，进而增强凋落物层的持水能力（佘婷和田野，

2020）。此外，研究也发现杉木与阔叶树种混交后可改善土壤物理结构，有助于更好地发挥其涵养水源的功能（Zhou *et al*., 2020）。

二、不同类型杉木人工林植被结构对水文过程调控作用

土壤水分入渗过程决定了降水在土壤层的再分配，是土壤水分运移和转化的重要环节，对评价森林涵养水源的功能具有重要作用（徐庆等，2020）。不同量级降水后不同深度土壤水 δD 值的空间垂直分布反映了降水在土壤剖面的运移规律。由于贫化降水 δD 的输入、混合以及下渗等过程的影响（Song *et al*., 2009），降水后浅层土壤水 δD 值波动幅度大且偏贫化，深层土壤水 δD 值波动幅度小且偏富集，这可能与不同层位土壤物理特性的差异有关。一般认为，土壤的入渗能力随土壤容重的增大而降低，并与土壤孔隙度存在显著正相关关系（杨弘和杨威，2013），因此，本研究中浅层土壤较低的容重和较高的孔隙度有利于降水的混合和下渗，致使贫化降水 δD 值输入后使浅层土壤水 δD 值偏贫化。此外，在中雨和大雨事件中，林分类型并未影响降水在土壤中的入渗，但杉木混交林中降水对各层土壤水的贡献率均高于杉木纯林，这说明阔叶树种与杉木混交后，不仅改善了其植被结构，还改善了其土壤物理特性，提高了土壤调蓄水分的能力，可保证较多的降水储存在土壤中，从而减少地表径流的损失。

本章节通过对中亚热带湖南会同地区 3 个不同类型杉木人工林对关键水文过程调控作用的研究发现，与杉木纯林相比，杉木－樟树混交林和杉木－桤木混交林的凋落物储量和凋落物持水率皆增加，最大拦蓄量和有效拦蓄量均显著提高，说明与杉木纯林相比，杉木与阔叶树种混交后其凋落物层拦蓄水分的能力更强。杉木与阔叶树种混交后，改善了林地土壤物理特性，影响了降水在土壤中的入渗过程，且随着降水量级的增加提高了降水对土壤水的贡献率。

第九章

结论与展望

一、主要结论

本研究以我国中亚热带湖南会同地区3个不同林分类型杉木人工林（杉木纯林、杉木－樟树混交林和杉木－桤木混交林）为研究对象，通过对大气降水、地表水、土壤水林中优势乔木（木质部）水、地下水等各水体氢氧同位素组成和优势树种叶片碳同位素组成的分析，探究了不同类型杉木人工林中凋落物水文特性、土壤水对不同量级降水的响应，定量阐明不同类型杉木人工林中杉木的水分利用率和长期水分利用效率，从生态系统角度对不同类型杉木人工林的水文特征进行了较为全面的定量研究和评估。得出主要结论如下：

（1）杉阔混交林截留和保存强降水能力高于杉木纯林

杉木与阔叶树种樟树/桤木混交后，林地截留和保存强降水（中雨和大雨）的能力显著提高。小雨时，地上生物量和土壤特性是调控降水对土壤水贡献率的主要因素，两者的拮抗作用使小雨对土壤水的贡献率在3个不同类型杉木人工林之间无显著差异；随着降水量的增加，降水对土壤水的贡献率主要受土壤特性的介导，杉木与樟树、桤木混交后其土壤特性的改善（容重降低、田间持水量和孔隙度提高）显著增强了林地土壤截留和保存强降水（中雨和大雨）的能力，在这一过程中，凋落物水文特性和根系生物量通过影响土壤特性起到间接地调节作用。

（2）杉阔混交林中杉木对深层土壤水的利用率高于杉木纯林

杉木水分利用格局因林分类型而异，其水分利用的可塑性较强。与纯林相比，杉阔混交林中的杉木对浅层土壤水的利用率降低，而对深层土壤水的利用率显著增加，不同林分类型中杉木水分利用率的差异主要与植物属性有关。杉阔混交林中杉木通过降低叶片水势及增加叶片生物量和深层细根分布提高对深层土壤水的利用率，从而维持较高的碳同化速率，并且杉木与混交树种樟树/桤木形成水文生态位分化，减小种间水分竞争，这不仅有利于促进杉阔混交林中不同的优势树种共存，还能降低其对降水格局波动的敏感性，有助于抵御亚热带地区频发的极端降水事件和季节性干旱事件。

（3）杉阔混交林中杉木水分利用效率高于杉木纯林

生长季，杉阔混交林中的杉木水分利用效率高于纯林中的杉木，杉木水分利用效率主要受净光合速率、气孔导度和土壤含水量的调控。在杉阔混交林中，由于树种功能性状的差异，林中樟树/桤木的水分利用效率显著低于杉木；即杉木与阔叶树种混交后随着林内光照和林地土壤理化性质的改善，杉木光合能力相应增加，水分利用效率提高，表明其对季节性干旱的抵御能力更强，表现出较强的生态适应性，有利于优化群落内部种间的水资源利用，促进杉木人工林群落稳定性和可持续发展。

（4）杉阔混交林对关键水文过程的调控作用优于杉木纯林

与杉木纯林相比，杉木－樟树混交林和杉木－桤木混交林中的凋落物储量和凋落物持水率增加，最大拦蓄量和有效拦蓄量均显著提高，表明与杉木纯林相比，杉木与阔叶树种混交后其凋落物层拦蓄水分的能力更强；随着降水量的增加，降水对杉阔混交林土壤水的贡献率增高。

综上所述，亚热带地区杉阔混交林在提升生态系统水文功能方面具有优势。首先，杉木与阔叶树种（樟树 / 桤木）混交后通过影响植被生物量、凋落物特性和土壤性质增加降水对土壤水的贡献率，提升林地土壤持水能力，且杉阔混交林可通过影响凋落物层水文特性间接提高其土壤层缓冲和截留降水的能力。其次，在植被－土壤耦合水文界面层，杉木与阔叶树种混交后通过改变优势植物根系分布、叶片生理特性（气孔导度、叶片水势和叶片生物量）促进其对深层土壤水的利用，与阔叶树种形成一定的水文生态位分化，且通过改善光合能力和土壤特性提高水分利用效率，这不仅有利于其应对频发的季节性干旱和极端降水事件，还能促进生态系统稳定性。本研究可为我国亚热带杉木人工林的经营管理和提质增效提供一定的理论和实践参考。

本研究在理论和技术上，运用氢氧碳同位素联合示踪技术将杉木人工林生态系统内的关键水分传输过程联系起来，并耦合部分碳循环过程，通过结构方程模型、二元线性混合模型、随机森林模型等多种统计分析方法揭示各林中优势植物属性和土壤属性与关键水文过程之间的关系，从稳定同位素生态角度初步揭示杉木人工林优势植物的水分利用机制，同时为评估不同类型杉木人工林生态水文功能提供科学的理论依据，创新和发展了中国亚热带杉木人工林水分利用过程及其人工林生态系统关键水文过程定量研究的模式。

在实践上，本研究发现杉阔混交林在提升生态系统水文功能方面比杉木纯林更具有优势。因此，建议今后在我国亚热带地区杉木人工林经营管理和植被恢复过程中，应尽可能避免营造纯林；同时在杉木人工林经营管理过程中，可考虑通过引入或补植阔叶树种，构建杉－阔复层混交模式等科学营林措施，实现杉木人工林生态水文功能的提升，增强其应对未来气候变化的潜能。

二、研究展望

尽管本研究从氢氧碳同位素角度对我国中亚热带会同地区杉木纯林、杉木－樟树混交林和杉木－桤木混交林的关键生态水文过程进行了较为系统地研究，揭示不同类型杉木人工林中关键水文过程和机制，为以后我国亚热带地区杉木人工林的植被恢复和经营管理提供了相关的理论支撑，但仍存在一定的局限性，有待在今后的研究中进一步加强和完善。

（1）本研究仅针对杉木纯林和杉木针阔混交林关键水文过程进行比较分析，关于针叶纯林、针阔混交林、阔叶纯林三者之间对水文过程的影响是否存在差异尚不清楚，后续应进一步综合研究亚热带地区多种林分类型对人工林生态水文过程与效应的影响，从而全面的评估不同林分类型人工林对生态系统水文过程的调控作用。

（2）本研究在我国中亚热带湖南会同的三个不同林分类型杉木人工林中进行，由于杉木在我国南方亚热带广泛分布，目前的研究结果可能存在一定的地域局限性，该结果是否对中国亚热带其他地区杉木人工林生态系统中同样适用仍不十分清楚，下一步工作，可在我国南亚热带和北亚热带地区进一步开展杉木纯林与杉－阔混交林水文过程的定量研究，多样点研究综合分析，从而为我国整个亚热带地区杉木人工林水文功能的提升和科学经营管理提供更可靠的理论依据。

参考文献

曹新光, 胡红兵, 李颖俊, 等, 2021. 亚热带人工和天然马尾松, 杉木林生长对干旱的生态弹性差异[J]. 应用生态学报, 32(10): 3531-3538.

陈龙池, 汪思龙, 陈楚莹, 2004. 杉木人工林衰退机理探讨[J]. 应用生态学报, 15(10): 1953-1957.

陈琪, 李远航, 王琼琳, 等, 2019. 基于Penman-Monteith模型分时段模拟华北落叶松日蒸腾过程[J]. 中国水土保持科学, 17(5): 54-64.

陈琴, 陈代喜, 黄开勇, 等, 2017. 杉木与固氮树种混交对其叶片N及NR和GS活性的影响[J]. 西部林业科学, 46(1): 85-90.

程然然, 2020. 黄土丘陵区两典型天然林和人工林生态水文过程研究[D]. 北京: 中国科学院大学.

戴岳, 郑新军, 唐立松, 等, 2014. 古尔班通古特沙漠南缘梭梭水分利用动态[J]. 植物生态学报, 38(11): 1214-1225.

邓文平, 余新晓, 贾国栋, 等, 2013. 北京西山鹫峰地区氢氧稳定同位素特征分析[J]. 水科学进展, 24(5): 642-650.

邓文平, 章洁, 张志坚, 等, 2017. 北京土石山区水分在土壤-植物-大气连续体(SPAC)中的稳定同位素特征[J]. 应用生态学报, 28(7): 2171-2178.

邓文平, 2015. 北京山区典型树种水分利用机制研究[D]. 北京: 北京林业大学.

樊金娟, 宁静, 孟宪菁, 等, 2012. C_3植物叶片稳定碳同位素对温度、湿度的响应及其在水分利用中的研究进展[J]. 土壤通报, 43(6): 1502-1507.

房丽晶, 高瑞忠, 贾德彬, 等, 2021. 内蒙古草原巴拉格尔河流域不同水体转化特征及环境驱动因素[J]. 应用生态学报, 32(3): 860-868.

谷金钰, 张文杰, 许文盛, 等, 2017. 武汉市大气降水δD和$\delta^{18}O$变化特征及水汽来源[J]. 人民长江, 48(13): 31-35, 63.

郭昊澜, 赵子豪, 连晓倩, 等, 2021. 间伐对杉木人工林水土保持功能影响的研究进展[J]. 亚热带农业研究, 17(4): 252-257.

国家林业和草原局, 2019. 中国森林资源报告（2014—2018）[M]. 北京: 中国林业出版社.

郝玥, 余新晓, 邓文平, 等, 2016. 北京西山大气降水中D和^{18}O组成变化及水汽来源[J]. 自然资源学报, 31(7): 1211-1221.

侯典炯, 秦翔, 吴锦奎, 等, 2011. 乌鲁木齐大气降水稳定同位素与水汽来源关系研究[J]. 干旱区资源与环境, 25(10): 136-142.

黄甫昭, 李冬兴, 王斌, 等, 2019. 喀斯特季节性雨林植物叶片碳同位素组成及水分利用效率[J]. 应用生态学报, 30(6): 1833-1839.

简永旗, 吴家森, 盛卫星, 等, 2021. 间伐和林分类型对森林凋落物储量和土壤持水性能的影响[J]. 浙江农林大学学报, 38(2): 320-328.

孔令仑, 黄志群, 何宗明, 等, 2017. 不同林龄杉木人工林的水分利用效率与叶片养分浓度[J]. 应用生态学报, 28(4): 1069-1076.

李广, 章新平, 张立峰, 等, 2015. 长沙地区不同水体稳定同位素特征及其水循环指示意义[J]. 环境科学, 36(6): 2094-2101.

李佳奇, 黄亚楠, 石培君, 等, 2022. 陕北黄土区大气降水同位素特征及其水汽来源[J]. 应用生态学报, 33(6): 1459-1465.

李龙, 唐常源, 曹英杰, 2020. 亚热带地区常绿阔叶林SPAC系统水分的氢氧稳定同位素特征[J]. 应用生态学报, 31(9): 2875-2884.

李亚举, 张明军, 王圣杰, 等, 2011. 我国大气降水中稳定同位素研究进展[J]. 冰川冻土, 33(3): 624-633.

李中恺, 李小雁, 周沙, 等, 2022. 土壤-植被-水文耦合过程与机制研究进展[J]. 中国科学: 地球科学, 52(11): 2105-2138.

梁萌杰, 陈龙池, 汪思龙, 2016. 湖南省杉木人工林生态系统碳储量分配格局及固碳潜力[J]. 生态学杂志, 35(4): 896-902.

梁文斌, 李志辉, 许仲坤, 等, 2010. 桤木无性系叶片解剖结构特征与其耐旱性的研究[J]. 中南林业科技大学学报, 30(2): 16-22.

林立文, 邓羽松, 李佩琦, 等, 2020. 桂北地区不同密度杉木林枯落物与土壤水文效应[J]. 水土保持学报, 34(5): 200-207, 215.

刘世荣, 常建国, 孙鹏森, 2007. 森林水文学:全球变化背景下的森林与水的关系[J]. 植物生态学报, 31(5): 753-756.

刘世荣, 孙鹏森, 温远光, 2003. 中国主要森林生态系统水文功能的比较研究[J]. 植物生态学报, 27(1): 16-22.

刘世荣, 杨予静, 王晖, 2018. 中国人工林经营发展战略与对策: 从追求木材产量的单一目标经营转向提升生态系统服务质量和效益的多目标经营[J]. 生态学报, 38(1): 1-10.

刘效东, 乔玉娜, 周国逸, 等, 2013. 鼎湖山3种不同演替阶段森林凋落物的持水特性[J]. 林业科学, 49(9): 8-15.

刘自强, 余新晓, 贾国栋, 等, 2016. 北京山区侧柏和栓皮栎的水分利用特征[J]. 林业科学, 52(9): 22-30.

柳鉴容, 宋献方, 袁国富, 等, 2009. 中国东部季风区大气降水δ^{18}O的特征及水汽来源[J]. 科学通报, 54(22): 3521-3531.

马菁, 宋维峰, 吴锦奎, 等, 2016. 元阳梯田水源区林地降水与土壤水同位素特征[J]. 水土保持学报, 30(2): 243-248.

马书国, 杨玉盛, 谢锦升, 等, 2010. 亚热带6种老龄天然林及杉木人工林的枯落物持水性能[J]. 亚热带资源与环境学报, 5(2): 31-38.

马雪华, 杨茂瑞, 胡星弼, 1993. 亚热带杉木、马尾松人工林水文功能的研究[J]. 林业科学(3): 199-206.

马雪华, 1987. 四川米亚罗地区高山冷杉林水文作用的研究[J]. 林业科学, 23(3): 253-265.

潘素敏, 张明军, 王圣杰, 等, 2017. 基于GCM的中国土壤水中δ^{18}O的分布特征[J]. 生态学杂志, 36(6):

1727-1738.

秦倩倩, 王海燕, 李翔, 等, 2019. 长白山云冷杉针阔混交林半分解层凋落物生态功能[J]. 林业科学研究, 32(1): 147-152.

任世奇, 卢翠香, 邓紫宇, 等, 2016. 南方4个速生树种叶片形态与气孔结构特性研究[J]. 广西林业科学, 45(2): 119-124.

佘婷, 田野, 2020. 森林生态系统凋落物多样性对分解过程和土壤微生物特性影响研究进展[J]. 生态科学, 39(1): 213-223.

沈芳芳, 樊后保, 吴建平, 等, 2017. 植物叶片水平δ^{13}C与水分利用效率的研究进展[J]. 北京林业大学学报, 39(11): 114-124.

盛炜彤, 2018. 关于我国人工林长期生产力的保持[J]. 林业科学研究, 31(1): 1-14.

施志娟, 白彦锋, 孙睿, 等, 2017. 杉木人工林伐后2种恢复模式碳储量的比较[J]. 林业科学研究, 30(2): 214-221.

寿文凯, 胡飞龙, 刘志民, 2013. 基于 SPAC 系统干旱区水分循环和水分来源研究方法综述[J]. 生态学杂志, 32(8): 2194-2202.

隋明浈, 张瑛, 徐庆, 等, 2020. 水汽来源和环境因子对湖南会同大气降水氢氧同位素组成的影响[J]. 应用生态学报, 31(6): 1791-1799.

檀文炳, 王国安, 韩家懋, 等, 2009. 长白山不同功能群植物碳同位素及其对水分利用效率的指示[J]. 科学通报, 54(13): 1912-1916.

汤显辉, 陈永乐, 李芳, 等, 2020. 水同位素分析与生态系统过程示踪:技术、应用以及未来挑战[J]. 植物生态学报, 44(4): 350-359.

唐兴港, 袁颖丹, 张金池, 2022. 气候变化对杉木适生区和生态位的影响[J]. 植物研究, 42(1): 151-160.

田超, 2015. 基于稳定同位素技术的森林水文过程研究——以黄河小浪底库区大沟河与砚瓦河流域为例[D]. 北京: 中国林业科学研究院.

田立德, 姚檀栋, 孙维贞, 等, 2002. 青藏高原中部土壤水中稳定同位素变化[J]. 土壤学报, 39(3): 289-295.

王根绪, 夏军, 李小雁, 等, 2021. 陆地植被生态水文过程前沿进展:从植物叶片到流域[J]. 科学通报, 66(28-29): 3667-3683.

王礼先, 张志强, 1998. 森林植被变化的水文生态效应研究进展[J]. 世界林业研究, 11(6): 14-23.

王宁, 袁美丽, 苏金乐, 2013. 几种樟树叶片结构比较分析及其与抗寒性评价的研究[J]. 西北林学院学报, 28(4): 43-49, 102.

王云霓, 熊伟, 王彦辉, 等, 2013. 宁夏六盘山8种木本植被的叶片水分利用效率[J]. 生态环境学报, 22(12): 1893-1898.

吴华武, 欧阳勇峰, 姜鹏举, 等, 2022. 水汽来源和环境因子对典型亚热带季风区降水稳定同位素的影响——以湖口地区为例[J]. 地理科学, 42(8): 1502-1512.

夏军, 李天生, 2018. 生态水文学的进展与展望[J]. 中国防汛抗旱, 28(6): 1-5, 21.

谢小立, 尹春梅, 陈洪松, 等, 2012. 基于环境同位素的红壤坡地水分运移研究[J]. 水土保持通报, 32(3): 1-6.

徐庆, 2020. 稳定同位素森林水文[M]. 北京：中国林业出版社.

徐庆, 刘世荣, 安树青, 等, 2007. 四川卧龙亚高山暗针叶林土壤水的氢稳定同位素特征[J]. 林业科学, 43(1): 8-14.

徐庆, 张蓓蓓, 高德强, 2022. 稳定同位素湿地水文[M]. 北京：中国林业出版社.

徐庆, 张蓓蓓, 高德强, 等, 2023. 稳定同位素马尾松人工林水文[M]. 北京：中国林业出版社.

徐学选, 张北赢, 田均良, 2010. 黄土丘陵区降水-土壤水-地下水转化实验研究[J]. 水科学进展, 21(1): 16-22.

杨尕红, 王圣杰, 张明军, 2022. 黄土高原大气降水δ^{18}O的空间分布[J]. 地球环境学报, 13(4): 393-404.

杨弘, 杨威, 2013. 森林土壤水分入渗的影响因素及主要入渗模型[J]. 吉林师范大学学报, 34(2): 65-70.

杨阳, 朱元骏, 安韶山, 2018. 黄土高原生态水文过程研究进展[J]. 生态学报, 38(11): 4052-4063.

杨智杰, 陈光水, 谢锦升, 等, 2010. 杉木、木荷纯林及其混交林凋落物量和碳归还量[J]. 应用生态学报, 21(9): 2235-2240.

姚天次, 章新平, 李广, 等, 2016. 湘江流域岳麓山周边地区不同水体中氢氧稳定同位素特征及相互关系[J]. 自然资源学报, 31(7): 1198-1210.

袁秀锦, 王晓荣, 潘磊, 等, 2018. 三峡库区不同类型马尾松林枯落物层持水特性比较[J]. 水土保持学报, 32(3): 160-166.

曾帝, 吴锦奎, 李洪源, 等, 2020. 西北干旱区降水中氢氧同位素研究进展[J]. 干旱区研究, 37(4): 857-869.

翟远征, 王金生, 滕彦国, 等, 2011. 北京市不同水体中D和^{18}O组成的变化及其区域水循环指示意义[J]. 资源科学, 33(1): 92-97.

张蓓蓓, 徐庆, 姜春武, 2017. 安庆地区大气降水氢氧同位素特征及水汽来源[J]. 林业科学, 53(12): 20-29.

张洪江, 程金花, 余新晓, 等, 2003. 贡嘎山冷杉纯林枯落物储量及其持水特性[J]. 林业科学, 39(5): 147-151.

张侃侃, 卜崇峰, 高国雄, 2011. 黄土高原生物结皮对土壤水分入渗的影响 [J]. 干旱区研究, 28(5): 808-812

张薰元, 周运超, 白云星, 等, 2021. 基于熵权法评价调控林凋落物层水文特性——以贵州马尾松林和5种阔叶树调控林为例[J]. 中国水土保持科学, 19(6): 44-53.

张瑛, 徐庆, 高德强, 等, 2021. 湖南会同不同林分类型杉木人工林凋落物水文效应[J]. 林业科学研究, 34(6): 81-89.

张志兰, 郑云泽, 于秀娟, 2019. 重庆市几种常见经济林凋落物持水性能研究[J]. 中国水土保持, 40(2): 59-62.

章新平, 姚檀栋, 1994. 大气降水中氧同位素分馏过程的数学模拟[J]. 冰川冻土, 16(2): 156-165.

赵亮生, 闫文德, 项文化, 等, 2013. 不同年龄阶段杉木人工林枯落物层水文特征[J]. 西北林学院学报, 28(4): 1-5, 121.

郑淑蕙, 侯发高, 倪葆龄, 1983. 我国大气降水的氢氧稳定同位素研究[J]. 科学通报, 28(13): 801-806.

朱磊, 范弢, 郭欢, 2014. 西南地区大气降水中氢氧稳定同位素特征与水汽来源[J]. 云南地理环境研究, 26(5): 61-67.

朱晓燕, 张美良, 吴夏, 等, 2017. 桂林地区大气降水（大雨、暴雨）的δ^{18}O特征与水汽来源的关系[J]. 中国岩溶, 36(2): 139-161.

ADAMS H R, BARNARD H R, LOOMIS A K, 2014. Topography alters tree growth-climate relationships in a semi - arid forested catchment[J]. Ecosphere, 5(11): 1-16.

ADIREDJO A L, NAVAUD O, LAMAZE T, *et al.*, 2015. Leaf carbon isotope discrimination as an accurate indicator of water - use efficiency in sunflower genotypes subjected to five stable soil water contents[J]. Journal of Agronomy and Crop Science, 200(6): 416-424.

AGEE E, HE L, BISHT G, *et al.*, 2021. Root lateral interactions drive water uptake patterns under water limitation[J]. Advances in Water Resources, 115(4): 103896.

ALLEN C D, MACALADY A K, CHENCHOUNI H, *et al.*, 2010. A global overview of drought and heat-induced tree mortality reveals emerging climate change risks for forests[J]. Forest Ecology and Management, 259(4): 660-684.

ALLEN S T, KEIM R F, BARNARD H R, *et al.*, 2017. The role of stable isotopes in understanding rainfall interception processes: a review[J]. Wiley Interdisciplinary Reviews Water, 4(1): e1187.

ALLISON G., 1982. The relationship between ^{18}O and deuterium in water in sand columns undergoing evaporation[J]. Journal of Hydrology, 55(1-4): 163-169.

ARAGUÁS-ARAGUÁS L, FROEHLICH K, ROZANSKI K, 1998. Stable isotope composition of precipitation over southeast Asia[J]. Journal of Geophysical Research Atmospheres, 103(D22): 28721-28742.

ARANDA I, FORNER A, CUESTA B, *et al.*, 2012. Species-specific water use by forest tree species: From the tree to the stand[J]. Agricultural Water Management, 114(114): 67-77.

ASBJORNSEN H, MORA G, HELMERS M J, 2007. Variation in water uptake dynamics among contrasting agricultural and native plant communities in the Midwestern US[J]. Agriculture, Ecosystems and Environment, 121(4): 343-356.

BABST F, BOURIAUD O, POULTER B, *et al.*, 2019. Twentieth century redistribution in climatic drivers of global tree growth[J]. Science Advances, 5(1): eaat4313.

BAO J, SHERWOOD S C, ALEXANDER L V, *et al.*, 2017. Future increases in extreme precipitation exceed observed scaling rates[J]. Nature Climate Change, 7(2): 128-132.

BARBETA A, MEJÍA - CHANG M, OGAYA R, *et al.*, 2015. The combined effects of a long - term experimental drought and an extreme drought on the use of plant - water sources in a Mediterranean forest[J]. Global Change Biology, 21(3): 1213-1225.

BARBOUR M M, 2007. Stable oxygen isotope composition of plant tissue: a review[J]. Functional Plant Biology, 34(2): 83-94.

BARUCH Z, 2011. Leaf trait variation of a dominant neotropical savanna tree across rainfall and fertility gradients[J]. Acta Oecologica, 37(5): 455-461.

BLUME H P, ZIMMERMANN U, MÜNNICH K, 1967. Tritium tagging of soil moisture: The water balance of forest soils[M]. Vienna: International Atomic Energy Agency.

BODNER G, LEITNER D, KAUL H P, 2014. Coarse and fine root plants affect pore size distributions differently[J]. Plant and Soil, 380(1−2): 133−151.

BOER-EUSER T D, MCMILLAN H K, HRACHOWITZ M, *et al.*, 2015. Influence of soil and climate on root zone storage capacity[J]. Water Resources Research, 17(3): 2009−2024.

BOYER J S, 1982. Plant productivity and environment[J]. Science, 218(4571): 443−448.

BRENDAN C, BRODRIBB T J, BRODERSEN C R, *et al.*, 2018. Triggers of tree mortality under drought[J]. Nature, 558(7711): 531−539.

BRIENEN R, GLOOR E, CLERICI S, *et al.*, 2017. Tree height strongly affects estimates of water-use efficiency responses to climate and CO_2 using isotopes[J]. Nature Communications, 8(1): 288.

BROOKS J R, BARNARD H R, COULOMBE R, *et al.*, 2010. Ecohydrologic separation of water between trees and streams in a Mediterranean climate[J]. Nature Geoscience, 3(2): 100−104.

BROOKS J R, FLANAGAN L B, BUCHMANN N, *et al.*, 1997. Carbon isotope composition of boreal plants: functional grouping of life forms[J]. Oecologia, 110(3): 301−311.

BROOKS J R, MEINZER F C, WARREN J M, *et al.*, 2006. Hydraulic redistribution in a Douglas - fir forest: lessons from system manipulations[J]. Plant, Cell and Environment, 29(1):138−150.

BRUM M, VADEBONCOEUR M A, IVANOV V, *et al.*, 2019. Hydrological niche segregation defines forest structure and drought tolerance strategies in a seasonal Amazon forest[J]. Journal of Ecology, 107(1): 318−333.

BU W S, GU H J, ZHANG C, *et al.*, 2020. Mixed broadleaved tree species increases soil phosphorus availability but decreases the coniferous tree nutrient concentration in subtropical China[J]. Forests, 11(4): 461.

BUCCI S J, GOLDSTEIN G, MEINZER F C, *et al.*, 2005. Mechanisms contributing to seasonal homeostasis of minimum leaf water potential and predawn disequilibrium between soil and plant water potential in Neotropical savanna trees[J]. Trees, 19(3): 296−304.

CAI A D, LIANG G P, YANG W, *et al.*, 2020. Patterns and driving factors of litter decomposition across Chinese terrestrial ecosystems[J]. Journal of Cleaner Production, 278: 123964.

CAI Z, TIAN L, BOWEN G J, 2018. Spatial-seasonal patterns reveal large-scale atmospheric controls on Asian Monsoon precipitation water isotope ratios[J]. Earth and Planetary Science Letters, 503: 158−169.

CAMPITELLI B E, MARAIS D D, JUENGER T E, *et al.*, 2016. Ecological interactions and the fitness effect of water - use efficiency: Competition and drought alter the impact of natural *MPK12* alleles in Arabidopsis[J]. Ecology Letters, 19(4): 424−434.

CASTILLO J D, COMAS C, VOLTAS J, *et al.*, 2016. Dynamics of competition over water in a mixed oak-pine Mediterranean forest: Spatio-temporal and physiological components[J]. Forest Ecology and Management, 382: 214−224.

CHARNEY N D, BABST F, POULTER B, *et al.*, 2016. Observed forest sensitivity to climate implies large changes in 21st century North American forest growth[J]. Ecology Letters, 19(9): 1119−1128.

CHEN D, WEI W, CHEN L, 2020a. How can terracing impact on soil moisture variation in China? A meta-analysis[J]. Agricultural Water Management, 227: 105849.

CHEN G, TAN Q, XU M, *et al.*, 2020b. Mixed-species plantations can alleviate water stress on the Loess Plateau[J]. Forest Ecology and Management, 458: 117767.

CHENG X, AN S, LI B, *et al.*, 2006. Summer rain pulse size and rainwater uptake by three dominant desert plants in a desertified grassland ecosystem in northwestern China[J]. Plant Ecology, 184: 1-12.

CHEVILLAT V S, SIEGWOLF R T W, PEPIN S, *et al.*, 2005. Tissue-specific variation of $\delta^{13}C$ in mature canopy trees in a temperate forest in central Europe[J]. Basic and Applied Ecology, 6(6): 519-534.

CIAMPALINI R, CONSTANTINE J, WALKER-SPRINGETT K, *et al.*, 2020. Modelling soil erosion responses to climate change in three catchments of Great Britain[J]. Science of the Total Environment, 749: 141657.

CONERS H, LEUSCHNER C, 2005. In situ measurement of fine root water absorption in three temperate tree species—Temporal variability and control by soil and atmospheric factors[J]. Basic and Applied Ecology, 6(4): 395-405.

CONTE E, LOMBARDI F, BATTIPAGLIA G, *et al.*, 2018. Growth dynamics, climate sensitivity and water use efficiency in pure vs. mixed pine and beech stands in Trentino (Italy)[J]. Forest Ecology and Management, 409: 707-718.

CORNWELL W K, WRIGHT I J, TURNER J, *et al.*, 2018. Climate and soils together regulate photosynthetic carbon isotope discrimination within C_3 plants worldwide[J]. Global Ecology and Biogeography, 27(9): 1056-1067.

CRAIG H, 1961. Isotopic variations in meteoric waters[J]. Science, 133(3465): 1702-1703.

CUI Y, MA J, SUN W, *et al.*, 2015. A preliminary study of water use strategy of desert plants in Dunhuang, China[J]. Journal of Arid Land, 7: 73-81.

DAI J, ZHANG X, LUO Z, *et al.*, 2020a. Variation of the stable isotopes of water in the soil-plant-atmosphere continuum of a *Cinnamomum camphora* woodland in the East Asian monsoon region[J]. Journal of Hydrology, 589: 125199.

DAI L, YUAN Y, GUO X, *et al.*, 2020b. Soil water retention in alpine meadows under different degradation stages on the northeastern Qinghai-Tibet Plateau[J]. Journal of Hydrology, 590: 125397.

DANSGAARD W, 1964. Stable isotopes in precipitation[J]. Tellus, 16(4): 436-468.

DANSGAARD W, 2010. The abundance of O^{18} in atmospheric water and water vapour[J]. Tellus, 5(4): 461-469.

DAWSON T E, EHLERINGER J R, 1991. Streamside trees that do not use stream water[J]. Nature, 350(6316): 335-337.

DAWSON T E, PATE J S, 1996. Seasonal water uptake and movement in root systems of Australian phraeatophytic plants of dimorphic root morphology: a stable isotope investigation[J]. Oecologia, 107(1): 13-20.

DEGUCHI A, HATTORI S, PARK H T, 2006. The influence of seasonal changes in canopy structure on interception loss: application of the revised Gash model[J]. Journal of Hydrology, 318(1–4): 80–102.

DEL CAMPO A D, GONZÁLEZ-SANCHIS M, MOLINA A J, *et al.*, 2019. Effectiveness of water-oriented thinning in two semiarid forests: The redistribution of increased net rainfall into soil water, drainage and runoff[J]. Forest Ecology and Management, 438: 163–175.

DEMENOIS J, CARRICONDE F, BONAVENTURE P, *et al.*, 2018. Impact of plant root functional traits and associated mycorrhizas on the aggregate stability of a tropical Ferralsol[J]. Geoderma, 312: 6–16.

DENG W, JIA G, LIU Y, *et al.*, 2021. Long-term study on the seasonal water uptake of *Platycladus orientalis* in the Beijing mountain area, northern China[J]. Agricultural and Forest Meteorology, 307: 108531.

DI MATTEO G, NARDI P, FABBIO G, 2017. On the use of stable carbon isotopes to detect the physiological impact of forest management: The case of Mediterranean coppice woodland[J]. Forest Ecology and Management, 389: 158–166.

DING Y, NIE Y, CHEN H, *et al.*, 2021. Water uptake depth is coordinated with leaf water potential, water - use efficiency and drought vulnerability in karst vegetation[J]. New Phytologist, 229(3): 1339–1353.

DONOVAN L A, DUDLEY S A, LUDWIG R F, 2007. Phenotypic selection on leaf water use efficiency and related ecophysiological traits for natural populations of desert sunflowers[J]. Oecologia, 152(1): 13–25.

DU B, ZHENG J, JI H, *et al.*, 2021. Stable carbon isotope used to estimate water use efficiency can effectively indicate seasonal variation in leaf stoichiometry[J]. Ecological Indicators, 121: 107250.

EHLERINGER J R, DAWSON T E, 1992. Water uptake by plants: perspectives from stable isotope composition[J]. Plant Cell and Environment, 15(9): 1073–1082.

ELLSWORTH P Z, WILLIAMS D G, 2007. Hydrogen isotope fractionation during water uptake by woody xerophytes[J]. Plant and Soil, 291(1–2): 93–107.

EMERMAN S H, DAWSON T E, 1996. Hydraulic lift and its influence on the water content of the rhizosphere: an example from sugar maple, Acer saccharum[J]. Oecologia, 108(2): 273–278.

EVARISTO J, JASECHKO S, MCDONNELL J J, 2015. Global separation of plant transpiration from groundwater and streamflow[J]. Nature, 525(7567): 91–94.

FAJARDO J D V, FERREIRA S J F, MIRANDA S Á F, *et al.*, 2010. Hydrological characterists of the satured soil in the Adolpho Ducke Forest Reserve-central Amazonia[J]. Revista Arvore, 34(4): 677–684.

FARQUHAR G D, O'LEARY M H, BERRY J A, 1982. On the relationship between carbon isotope discrimination and the intercellular carbon dioxide concentration in leaves[J]. Functional Plant Biology, 9(2): 121–137.

FARQUHAR G D, RICHARDS R A, 1984. Isotopic composition of plant carbon correlates with water-use efficiency of wheat genotypes[J]. Functional Plant Biology, 11(6): 539–552.

FEDDES R A, HOFF H, BRUEN M, *et al.*, 2001. Modeling root water uptake in hydrological and climate models[J]. Bulletin of the American Meteorological Society, 82(12): 2797–2810.

FENG Y, SCHMID B, LOREAU M, *et al.*, 2022. Multispecies forest plantations outyield monocultures across a broad range of conditions[J]. Science, 376(6595): 865–868.

FORRESTER D I, 2015. Transpiration and water-use efficiency in mixed-species forests versus monocultures: effects of tree size, stand density and season[J]. Tree Physiology, 35(3): 289–304.

FORRESTER D I, SMITH R G B, 2012. Faster growth of *Eucalyptus grandis* and *Eucalyptus pilularis* in mixed-species stands than monocultures[J]. Forest Ecology and Management, 286: 81–86.

FORRESTER D I, THEIVEYANATHAN S, COLLOPY J J, *et al.*, 2010. Enhanced water use efficiency in a mixed *Eucalyptus globulus* and *Acacia mearnsii* plantation[J]. Forest Ecology and Management, 259(9): 1761–1770.

GAGEN M, FINSINGER W, WANGER-CREMER F, *et al.*, 2011. Evidence of changing intrinsic water - use efficiency under rising atmospheric CO_2 concentrations in Boreal Fennoscandia from subfossil leaves and tree ring $\delta^{13}C$ ratios[J]. Global Change Biology, 17(2): 1064–1072.

GAINES K P, STANLEY J W, MEINZER F C, *et al.*, 2016. Reliance on shallow soil water in a mixed-hardwood forest in central Pennsylvania[J]. Tree Physiology, 36(4): 444–458.

GAO X, LI H, ZHAO X, *et al.*, 2018a. Identifying a suitable revegetation technique for soil restoration on water-limited and degraded land: Considering both deep soil moisture deficit and soil organic carbon sequestration[J]. Geoderma, 319: 61–69.

GAO Z, NIU F, WANG Y, *et al.*, 2018b. Root-induced changes to soil water retention in permafrost regions of the Qinghai-Tibet Plateau, China[J]. Journal of Soils and Sediments, 18: 791–803.

GAZIS C, FENG X, 2004. A stable isotope study of soil water: evidence for mixing and preferential flow paths[J]. Geoderma, 119(1–2): 97–111.

GIERKE C, NEWTON B T, PHILLIPS F M, 2016. Soil-water dynamics and tree water uptake in the Sacramento Mountains of New Mexico (USA): a stable isotope study[J]. Hydrogeology Journal, 24(4): 805–818.

GONZALEZ DE ANDRES E, CAMARERO J J, BLANCO J A, *et al.*, 2018. Tree - to - tree competition in mixed European beech-Scots pine forests has different impacts on growth and water - use efficiency depending on site conditions[J]. Journal of Ecology, 106(1): 59–75.

GROSSIORD C, 2020. Having the right neighbors: how tree species diversity modulates drought impacts on forests[J]. New Phytologist, 228(1): 42–49.

GROSSIORD C, GESSLER A, GRANIER A, *et al.*, 2014. Impact of interspecific interactions on the soil water uptake depth in a young temperate mixed species plantation[J]. Journal of Hydrology, 519: 3511–3519.

GROSSIORD C, SEVANTO S, DAWSON T E, *et al.*, 2017. Warming combined with more extreme precipitation regimes modifies the water sources used by trees[J]. New Phytologist, 213(2): 584–596.

GUERRIERI R, BELMECHERI S, OLLINGER S V, *et al.*, 2019. Disentangling the role of photosynthesis and stomatal conductance on rising forest water-use efficiency[J]. Proceedings of the National Academy of Sciences, 116(34): 16909–16914.

GUO J, FENG H, MCNIE P, *et al*., 2023. Species mixing improves soil properties and enzymatic activities in Chinese fir plantations: A meta-analysis[J]. Catena, 220: 106723.

HAMZA M A, ANDERSON W K, 2005. Soil compaction in cropping systems: A review of the nature, causes and possible solutions[J]. Soil and Tillage Research, 82(2): 121-145.

HANBA Y T, MORI S, LEI T T, *et al*., 1997. Variations in leaf $\delta^{13}C$ along a vertical profile of irradiance in a temperate Japanese forest[J]. Oecologia, 110: 253-261.

HAO H X, WEI Y J, CAO D N, *et al*., 2020. Vegetation restoration and fine roots promote soil infiltrability in heavy-textured soils[J]. Soil and Tillage Research, 198: 104542.

HEMATI Z, SELVALAKSHMI S, XIA S, *et al*., 2020. Identification of indicators: Monitoring the impacts of rubber plantations on soil quality in Xishuangbanna, Southwest China[J]. Ecological Indicators, 116: 106491.

HENTSCHEL R, BITTNER S, JANOTT M, *et al*., 2013. Simulation of stand transpiration based on a xylem water flow model for individual trees[J]. Agricultural and Forest Meteorology, 182: 31-42.

HOEFS J, 1980. Stable isotope geochemistry[M]. Berlin: Springer.

HU M, ZOU B, HUANG Z, *et al*., 2021. Fine root biomass and necromass dynamics of Chinese fir plantations and natural secondary forests in subtropical China[J]. Forest Ecology and Management, 496: 119413.

HUANG M, PIAO S, SUN Y, *et al*., 2015. Change in terrestrial ecosystem water - use efficiency over the last three decades[J]. Global Change Biology, 21(6): 2366-2378.

HUANG Y, CHEN C, CASTRO-IZAGUIRRE N, 2018. Impacts of species richness on productivity in a large-scale subtropical forest experiment[J]. Science, 362(6410): 80-83.

HUDEK C, STANCHI S, D'AMICO M E, *et al*., 2017. Quantifying the contribution of the root system of alpine vegetation in the soil aggregate stability of moraine[J]. Journal of Soil and Water Conservation, 5(1): 36-42.

JANSEN K, OHEIMB G V, BRUELHEIDE H, *et al*., 2021. Tree species richness modulates water supply in the local tree neighbourhood: Evidence from wood $\delta^{13}C$ signatures in a large-scale forest experiment[J]. Proceedings of the Royal Society B: Biological Sciences, 288(1946): 20203100.

JIANG M H, LIN T C, SHANER P J, *et al*., 2019. Understory interception contributed to the convergence of surface runoff between a Chinese fir plantation and a secondary broadleaf forest[J]. Journal of Hydrology, 574: 862-871.

JIANG P, WANG H, MEINZER F C, *et al*., 2020. Linking reliance on deep soil water to resource economy strategies and abundance among coexisting understorey shrub species in subtropical pine plantations[J]. New Phytologist, 225(1): 222-233.

JIN T T, FU B J, LIU G H, *et al*., 2011. Hydrologic feasibility of artificial forestation in the semi-arid Loess Plateau of China[J]. Hydrology and Earth System Sciences, 15(8): 2519-2530.

JUCKER T, BOURIAUD O, AVACARITEI D, *et al*., 2015. Stabilizing effects of diversity on aboveground wood production in forest ecosystems: linking patterns and processes[J]. Ecology Letters, 17(12): 1560-1569.

KEENAN T F, HOLLINGER D Y, BOHRER G, *et al.*, 2013. Increase in forest water-use efficiency as atmospheric carbon dioxide concentrations rise[J]. Nature, 499(7458): 324-327.

KEITEL C, MATZARAKIS A, RENNENBERG H, *et al.*, 2006. Carbon isotopic composition and oxygen isotopic enrichment in phloem and total leaf organic matter of European beech (*Fagus sylvatica* L.) along a climate gradient[J]. Plant, Cell and Environment, 29(8): 1492-1507.

KENZO T, INOUE Y, YOSHIMURA M, *et al.*, 2015. Height-related changes in leaf photosynthetic traits in diverse Bornean tropical rain forest trees[J]. Oecologia, 177: 191-202.

KIM D H, KIM J H, PARK J H, *et al.*, 2016. Correlation between above-ground and below-ground biomass of 13-year-old *Pinus densiflora* S. et Z. planted in a post-fire area in Samcheok[J]. Forest Science and Technology, 12(3): 115-124.

KIMURA F, SATO M, KATO-NOGUCHI H, 2015. Allelopathy of pine litter: Delivery of allelopathic substances into forest floor[J]. Journal of Plant Biology, 58(1): 61-67.

KOHN M J, 2010. Carbon isotope compositions of terrestrial C_3 plants as indicators of (paleo) ecology and (paleo) climate[J]. Proceedings of the National Academy of Sciences, 107(46): 19691-19695.

KOOCH Y, SAMADZADEH B, HOSSEINI S M, 2017. The effects of broad-leaved tree species on litter quality and soil properties in a plain forest stand[J]. Catena, 150: 223-229.

KULMATISKI A, BEARD K H, 2012. Root niche partitioning among grasses, saplings, and trees measured using a tracer technique[J]. Oecologia, 171(1): 25-37.

LANDGRAF J, TETZLAFF D, DUBBERT M, *et al.*, 2022. Xylem water in riparian willow trees (*Salix alba*) reveals shallow sources of root water uptake by in situ monitoring of stable water isotopes[J]. Hydrology and Earth System Sciences, 26(8): 2073-2092.

LANGE B, GERMANN P F, LÜSCHER P, 2013. Greater abundance of *Fagus sylvatica* in coniferous flood protection forests due to climate change: impact of modified root densities on infiltration[J]. European Journal of Forest Research, 132(1): 151-163.

LARCHER W, 2003. Physiological plant ecology: ecophysiology and stress physiology of functional groups[M]. Berlin: Springer Science Business Media.

LAW B E, HUDIBURG T W, BERNER L T, *et al.*, 2018. Land use strategies to mitigate climate change in carbon dense temperate forests[J]. Proceedings of the National Academy of Sciences, 115(14): 3663-3668.

LAWLOR D W, TEZARA W, 2009. Causes of decreased photosynthetic rate and metabolic capacity in water-deficient leaf cells: a critical evaluation of mechanisms and integration of processes[J]. Annals of Botany, 103(4): 561-579.

LEBOURGEOIS F, GOMEZ N, PINTO P, *et al.*, 2013. Mixed stands reduce *Abies alba* tree-ring sensitivity to summer drought in the Vosges mountains, western Europe[J]. Forest Ecology and Management, 303: 61-71.

LEFFLER A J, ENQUIST B J, 2002. Carbon isotope composition of tree leaves from Guanacaste, Costa Rica: comparison across tropical forests and tree life history[J]. Journal of Tropical Ecology, 18(1): 151-159.

LEGATES D R, MAHMOOD R, LEVIA D F, *et al.*, 2011. Soil moisture: A central and unifying theme in physical geography[J]. Progress in Physical Geography, 35(1): 65–86.

LEUNG A, GARG A, COO J, *et al.*, 2015. Effects of the roots of *Cynodon dactylon* and *Schefflera heptaphylla* on water infiltration rate and soil hydraulic conductivity[J]. Hydrological Processes, 29(15): 3342–3354.

LEVIA D F, FROST E E, 2003. A review and evaluation of stemflow literature in the hydrologic and biogeochemical cycles of forested and agricultural ecosystems[J]. Journal of Hydrology, 274(1–4): 1–29.

LI B, BISWAS A, WANG Y, *et al.*, 2020. Identifying the dominant effects of climate and land use change on soil water balance in deep loessial vadose zone[J]. Agricultural Water Management, 245: 106637.

LI H, WEI M, DONG L, *et al.*, 2022. Leaf and ecosystem water use efficiencies differ in their global-scale patterns and drivers[J]. Agricultural and Forest Meteorology, 319: 108919.

LI M, PENG C, WANG M, *et al.*, 2017a. Spatial patterns of leaf δ^{13}C and its relationship with plant functional groups and environmental factors in China[J]. Journal of Geophysical Research: Biogeosciences, 122(7): 1564–1575.

LI X, LONG D, 2020. An improvement in accuracy and spatiotemporal continuity of the MODIS precipitable water vapor product based on a data fusion approach[J]. Remote Sensing of Environment, 248: 111966.

LI X, NIU J, XIE B, 2013. Study on hydrological functions of litter layers in North China[J]. PLoS One, 8(7): e70328.

LI X, XIAO Q, NIU J, *et al.*, 2016. Process-based rainfall interception by small trees in Northern China: The effect of rainfall traits and crown structure characteristics[J]. Agricultural and Forest Meteorology, 218: 65–73.

LI Y, ZHOU G, LIU J, 2017b. Different growth and physiological responses of six subtropical tree species to warming[J]. Frontiers in Plant Science, 8: 1511.

LIN G, PHILLIPS S L, EHLERINGER J R, 1996. Monosoonal precipitation responses of shrubs in a cold desert community on the Colorado Plateau[J]. Oecologia, 106(1): 8–17.

LIN G, STERNBERG L, 1993. Hydrogen isotopic fractionation by plant roots during water uptake in coastal wetland plants[M]. New York: Stable Isotopes and Plant Carbon/Water Relations Academic Press.

LINARES J C, DELGADO-HUERTAS A, CAMARERO J, *et al.*, 2009. Competition and drought limit the response of water-use efficiency to rising atmospheric carbon dioxide in the Mediterranean fir *Abies pinsapo*[J]. Oecologia, 161: 611–624.

LINS S R M, COLETTA L D, DE CAMPOS RAVAGNANI E, *et al.*, 2016. Stable carbon composition of vegetation and soils across an altitudinal range in the coastal Atlantic Forest of Brazil[J]. Trees, 30: 1315–1329.

LIU C C, LIU Y G, GUO K, *et al.*, 2016. Mixing litter from deciduous and evergreen trees enhances decomposition in a subtropical karst forest in southwestern China[J]. Soil Biology and Biochemistry, 101: 44-54.

LIU J, SONG X, YUAN G, *et al.*, 2014. Stable isotopic compositions of precipitation in China[J]. Tellus B: Chemical and Physical Meteorology, 66(1): 22567.

LIU W, LIU W, LI P, *et al.*, 2010. Dry season water uptake by two dominant canopy tree species in a tropical seasonal rainforest of Xishuangbanna, SW China[J]. Agricultural and Forest Meteorology, 150(3): 380-388.

LIU W, WANG H, LENG Q, *et al.*, 2019. Hydrogen isotopic compositions along a precipitation gradient of Chinese Loess Plateau: Critical roles of precipitation/evaporation and vegetation change as controls for leaf wax δD[J]. Chemical Geology, 528: 119278.

LIU Z, LIU Q, WEI Z, *et al.*, 2021a. Partitioning tree water usage into storage and transpiration in a mixed forest[J]. Forest Ecosystems, 8(4): 1-13.

LIU Z, PENG C, XIANG W, *et al.*, 2012. Simulations of runoff and evapotranspiration in Chinese fir plantation ecosystems using artificial neural networks[J]. Ecological Modelling, 226: 71-76.

LIU Z, ZHANG H, YU X, *et al.*, 2021b. Evidence of foliar water uptake in a conifer species[J]. Agricultural Water Management, 255(2): 106993.

LU N, FU B, JIN T, *et al.*, 2014. Trade-off analyses of multiple ecosystem services by plantations along a precipitation gradient across Loess Plateau landscapes[J]. Landscape Ecology, 29(10): 1697-1708.

LU N, ZHANG P, WANG P, *et al.*, 2022. Environmental factors affect the arbuscular mycorrhizal fungal community through the status of host plants in three patterns of Chinese fir in southern China[J]. Global Ecology and Conservation, 36: e02121.

LU X, SONG X Y, FU N, *et al.*, 2019. Effects of forest litter cover on hydrological response of hillslopes in the Loess Plateau of China[J]. Catena, 181: 104076.

LV P, RADEMACHER T, HUANG X, *et al.*, 2022. Prolonged drought duration, not intensity, reduces growth recovery and prevents compensatory growth of oak trees[J]. Agricultural and Forest Meteorology, 326: 109183.

MA J Y, CHEN T, QIANG W Y, *et al.*, 2005. Correlations between foliar stable carbon isotope composition and environmental factors in desert plant *Reaumuria soongorica* (Pall.) Maxim[J]. Journal of Integrative Plant Biology, 47(9): 1065-1073.

MAGH R K, EIFERLE C, BURZLAFF T, *et al.*, 2020. Competition for water rather than facilitation in mixed beech-fir forests after drying-wetting cycle[J]. Journal of Hydrology, 587: 124944.

MAIR A, FARES A, 2010. Throughfall characteristics in three non-native Hawaiian forest stands[J]. Agricultural and Forest Meteorology, 150(11): 1453-1466.

MARKEWITZ D, DEVINE S, DAVIDSON E A, *et al.*, 2010. Soil moisture depletion under simulated drought in the Amazon: impacts on deep root uptake[J]. New Phytologist, 187(3): 592-607.

MARTÍN-GÓMEZ P, AGUILERA M, PEMÁN J, *et al.*, 2017. Contrasting ecophysiological strategies related to drought: the case of a mixed stand of Scots pine (*Pinus sylvestris*) and a submediterranean oak (*Quercus subpyrenaica*)[J].Tree Physiology, 37(11): 1478-1492.

MARTIN-STPAUL N, DELZON S, COCHARD H, 2017. Plant resistance to drought depends on timely stomatal closure[J]. Ecology Letters, 20(11): 1437–1447.

MATTEO G D, PERINI L, ATZORI P, *et al.*, 2014. Changes in foliar carbon isotope composition and seasonal stomatal conductance reveal adaptive traits in Mediterranean coppices affected by drought[J]. Journal of Forestry Research, 25(4): 839–845.

MAXWELL T M, SILVA L C R, HORWATH W R, 2018. Integrating effects of species composition and soil properties to predict shifts in montane forest carbon–water relations[J]. Proceedings of the National Academy of Sciences, 115(18): E4219.

MCCORMACK M L, DICKIE I A, EISSENSTAT D M, *et al.*, 2015. Redefining fine roots improves understanding of below - ground contributions to terrestrial biosphere processes[J]. New Phytologist, 207(3): 505–518.

MCCULLOCH J S G, ROBINSON M, 1993. History of forest hydrology[J]. Journal of Hydrology, 150(2–4): 189–216.

MEDLYN B E, DE KAUWE M G, LIN Y S, *et al.*, 2017. How do leaf and ecosystem measures of water - use efficiency compare?[J]. New Phytologist, 216(3): 758–770.

MEI X, MA L, 2022. Effect of afforestation on soil water dynamics and water uptake under different rainfall types on the Loess hillslope[J]. Catena, 213: 106216.

MENG S, FU X, ZHAO B, *et al.*, 2021. Intra–annual radial growth and its climate response for Masson pine and Chinese fir in subtropical China[J]. Trees, 35(6): 1817–1830.

METZ J, ANNIGHÖFER P, SCHALL P, *et al.*, 2016. Site - adapted admixed tree species reduce drought susceptibility of mature European beech[J]. Global Change Biology, 22(2): 903–920.

METZGER J C, WUTZLER T, VALLE N D, *et al.*, 2017. Vegetation impacts soil water content patterns by shaping canopy water fluxes and soil properties[J]. Hydrological Processes, 31(22): 3783–3795.

MIRALLES D G, GASH J H, HOLMES T R H, *et al.*, 2010. Global canopy interception from satellite observations[J]. Journal of Geophysical Research Atmospheres, 115(D16): 1–8.

MITCHELL M J, 2012. Research resource review: Forest Hydrology and Biogeochemistry: Synthesis of Past Research and Future Directions[J]. Progress in Physical Geography, 36(3):451–453.

MO X, LIU S, LIN Z, *et al.*, 2004. Simulating temporal and spatial variation of evapotranspiration over the Lushi basin[J]. Journal of Hydrology, 285(1–4): 125–142.

MORENO-GUTIÉRREZ C, DAWSON T E, NICOLÁS E, *et al.*, 2012. Isotopes reveal contrasting water use strategies among coexisting plant species in a Mediterranean ecosystem[J]. New Phytologist, 196(2): 489–496.

MORIN X, FAHSE L, DE MAZANCOURT C, *et al.*, 2014. Temporal stability in forest productivity increases with tree diversity due to asynchrony in species dynamics[J]. Ecology Letters, 17(12): 1526–1535.

MOSAFFA M, NAZIF S, KHALAJ AMIRHOSSEINI Y, 2021. The development of statistical downscaling methods for assessing the effects of climate change on the precipitation isotopes concentration[J]. Journal of Water and Climate Change, 12(3): 709–729.

NAGY L, PROCTOR J, 2000. Leaf $\delta^{13}C$ signatures in heath and lowland evergreen rain forest species from Borneo[J]. Journal of Tropical Ecology, 16(5): 757–761.

NIE Y, CHEN H, WANG K, *et al.*, 2014. Rooting characteristics of two widely distributed woody plant species growing in different karst habitats of southwest China[J]. Plant Ecology, 215: 1099–1109.

NIE Y P, CHEN H S, WANG K L, *et al.*, 2011. Seasonal water use patterns of woody species growing on the continuous dolostone outcrops and nearby thin soils in subtropical China[J]. Plant and Soil, 341(1–2): 399–412.

NIETHER W, SCHNEIDEWIND U, ARMENGOT L, *et al.*, 2017. Spatial–temporal soil moisture dynamics under different cocoa production systems[J]. Catena, 158: 340–349.

NIU S, XING X, ZHANG Z, *et al.*, 2011. Water - use efficiency in response to climate change: from leaf to ecosystem in a temperate steppe[J]. Global Change Biology, 17(2): 1073–1082.

NIU X, CHEN Z, PANG Y, *et al.*, 2023. Soil moisture shapes the environmental control mechanism on canopy conductance in a natural oak forest[J]. Science of the Total Environment, 857: 159363.

NOCK C A, BAKER P J, WANEK W, *et al.*, 2011. Long - term increases in intrinsic water - use efficiency do not lead to increased stem growth in a tropical monsoon forest in western Thailand[J]. Global Change Biology, 17(2): 1049–1063.

NOTTINGHAM A C, THOMPSON J A, TURK P J, *et al.*, 2015. Seasonal dynamics of surface soil bulk density in a forested catchment[J]. Soil Science Society of America Journal, 79(4): 1163–1168.

O'LEARY M, 1981. Carbon isotope fractionation in plants[J]. Phytochemistry, 20: 553–567.

O'KEEFE K, NIPPERT J B, MCCULLOH K A, 2019. Plant water uptake along a diversity gradient provides evidence for complementarity in hydrological niches[J]. Oikos, 128(12): 1748–1760.

OMETTO J P, EHLERINGER J R, DOMINGUES T F, *et al.*, 2006. The stable carbon and nitrogen isotopic composition of vegetation in tropical forests of the Amazon Basin, Brazil[J]. Biogeochemistry, 79: 251–274.

OUYANG L, ZHAO P, RAO X, *et al.*, 2022. Interpreting the water use strategies of plantation tree species by canopy stomatal conductance and its sensitivity to vapor pressure deficit in South China[J]. Forest Ecology and Management, 505: 119940.

PAILLASSA J, WRIGHT I J, PRENTICE I C, *et al.*, 2020. When and where soil is important to modify the carbon and water economy of leaves[J]. New Phytologist, 228(1): 121–135.

PAN Y X, WANG X P, MA X Z, *et al.*, 2020. The stable isotopic composition variation characteristics of desert plants and water sources in an artificial revegetation ecosystem in Northwest China[J]. Catena, 189: 104499.

PAVÃO L L, SANCHES L, JÚNIOR O P, *et al.*, 2019. The influence of litter on soil hydro–physical characteristics in an area of Acuri palm in the Brazilian Pantanal[J]. Ecohydrology and Hydrobiology, 19(4): 642–650.

PENNA D, TROMP–VAN MEERVELD H J, GOBBI A, *et al.*, 2011. The influence of soil moisture on threshold runoff generation processes in an alpine headwater catchment[J]. Hydrology and Earth System Sciences, 15(3): 689–702.

PEREIRA L. C, BALBINOT L, LIMA M T, *et al.*, 2022. Aspects of forest restoration and hydrology: the hydrological function of litter[J]. Journal of Forestry Research, 33(2): 543–552.

PERIE C, OUIMET R, 2008. Organic carbon, organic matter and bulk density relationships in boreal forest soils[J]. Canadian Journal of Soil Science, 88(3): 315–325.

PIERRE-ERIK I, NADEAU D F, MARIE-HÉLÈNE A, *et al.*, 2018. Solar radiation transmittance of a boreal balsam fir canopy: Spatiotemporal variability and impacts on growing season hydrology[J]. Agricultural and Forest Meteorology, 263: 1–14.

POIRIER V, ROUMET C, MUNSON A D, 2018. The root of the matter: Linking root traits and soil organic matter stabilization processes[J]. Soil Biology and Biochemistry, 120: 246–259.

PONDER F, FLEMING R L, BERCH S, *et al.*, 2012. Effects of organic matter removal, soil compaction and vegetation control on 10th year biomass and foliar nutrition: LTSP continent-wide comparisons[J]. Forest Ecology and Management, 278: 35–54.

PORRE R J, WERF W, DEYN G, *et al.*, 2020. Is litter decomposition enhanced in species mixtures? A meta-analysis[J]. Soil Biology and Biochemistry, 145: 107791.

PRECHSL U E, BURRI S, GILGEN A K, *et al.*, 2015. No shift to a deeper water uptake depth in response to summer drought of two lowland and sub-alpine C_3-grasslands in Switzerland[J]. Oecologia, 177(1): 97–111.

PREIN A F, RASMUSSEN R M, IKEDA K, *et al.*, 2017. The future intensification of hourly precipitation extremes[J]. Nature Climate Change, 7(1): 48–52.

PRETZSCH H, SCHÜTZE G, 2016. Effect of tree species mixing on the size structure, density, and yield of forest stands[J]. European Journal of Forest Research, 135(1): 1–22.

PRETZSCH H, SCHÜTZE G, UHL E, 2013. Resistance of European tree species to drought stress in mixed versus pure forests: evidence of stress release by inter - specific facilitation[J]. Plant Biology, 15(3): 483–495.

PRONGER J, CAMPBELL D I, CLEARWATER M J, *et al.*, 2019. Toward optimisation of water use efficiency in dryland pastures using carbon isotope discrimination as a tool to select plant species mixtures[J]. Science of the Total Environment, 665: 698–708.

QUEREJETA J I, BARBERÁ G G, GRANADOS A, *et al.*, 2008. Afforestation method affects the isotopic composition of planted *Pinus halepensis* in a semiarid region of Spain[J]. Forest Ecology and Management, 254(1): 56–64.

REN W, YAO T, YANG X, *et al.*, 2013. Implications of variations in $\delta^{18}O$ and δD in precipitation at Madoi in the eastern Tibetan Plateau[J]. Quaternary International, 313: 56–61.

REN Z, LI Z, LIU X, *et al.*, 2018. Comparing watershed afforestation and natural revegetation impacts on soil moisture in the semiarid Loess Plateau of China[J]. Scientific Reports, 8(1): 2972.

RICHARDS A E, FORRESTER D I, BAUHUS J, *et al.*, 2010. The influence of mixed tree plantations on the nutrition of individual species: a review[J]. Tree Physiology, 30(9): 1192–1208.

RODRÍGUEZ-ROBLES U, ARREDONDO J T, HUBER-SANNWALD E, *et al.*, 2015. Geoecohydrological mechanisms couple soil and leaf water dynamics and facilitate species coexistence in shallow soils of a tropical semiarid mixed forest[J]. New Phytologist, 207(1): 59–69.

ROEBROEK C, MELSEN L A, DIJKE A, *et al.*, 2020. Global distribution of hydrologic controls on forest growth[J]. Hydrology and Earth System Sciences, 24(9): 4625–4639.

ROG I, TAGUE C, JAKOBY G, *et al.*, 2021. Interspecific soil water partitioning as a driver of increased productivity in a diverse mixed Mediterranean forest[J]. Journal of Geophysical Research: Biogeosciences, 126(9): e2021JG006382.

ROTHFUSS Y, JAVAUX M, 2017. Reviews and syntheses: Isotopic approaches to quantify root water uptake: a review and comparison of methods[J]. Biogeosciences, 14(8): 2199–2224.

RYEL R J, LEFFLER A J, PEEK M S, *et al.*, 2004. Water conservation in Artemisia tridentata through redistribution of precipitation[J]. Oecologia, 141(2): 335–345.

SAIKIA P, BHATTACHARYA S S, BARUAH K, 2015. Organic substitution in fertilizer schedule: Impacts on soil health, photosynthetic efficiency, yield and assimilation in wheat grown in alluvial soil[J]. Agriculture, Ecosystems and Environment, 203: 102–109.

SAMUELS-CROW K E, GALEWSKY J, HARDY D R, *et al.*, 2014. Upwind convective influences on the isotopic composition of atmospheric water vapor over the tropical Andes[J]. Journal of Geophysical Research Atmospheres, 119(12): 7051–7063.

SANDQUIST D R, CORDELL S, 2007. Functional diversity of carbon - gain, water - use, and leaf - allocation traits in trees of a threatened lowland dry forest in Hawaii[J]. American Journal of Botany, 94(9): 1459–1469.

SATO Y, KUMAGAI T O, KUME A, *et al.*, 2010. Experimental analysis of moisture dynamics of litter layers–the effects of rainfall conditions and leaf shapes[J]. Hydrological Processes, 18(16): 3007–3018.

SCHENK H J, JACKSON R B, 2002. Rooting depths, lateral root spreads and below-ground/above-ground allometries of plants in water-limited ecosystems[J]. Journal of Ecology: 480–494.

SCHLAEPFER D R, BRADFORD J B, LAUENROTH W K, *et al.*, 2017. Climate change reduces extent of temperate drylands and intensifies drought in deep soils[J]. Nature Communications, 8(1): 14196.

SCHLESINGER W H, JASECHKO S, 2014. Transpiration in the global water cycle[J]. Agricultural and Forest Meteorology, 189(6): 115–117.

SCHUME H, JOST G, HAGER H, 2004. Soil water depletion and recharge patterns in mixed and pure forest stands of European beech and Norway spruce[J]. Journal of Hydrology, 289(1–4): 258–274.

SELVARAJ S, SELVALAKSHMI V, HUANG Z, *et al.*, 2017. Influence of long-term successive rotations and stand age of Chinese fir (*Cunninghamia lanceolata*) plantations on soil properties[J]. Geoderma, 306: 127–134.

SENEVIRATNE S I, CORTI T, DAVIN E L, *et al.*, 2010. Investigating soil moisture-climate interactions in a changing climate: A review[J]. Earth Science Reviews, 99(3–4): 125–161.

SHURBAJI A R M, PHILLIPS F M, CAMPBELLA A R, *et al.*, 1995. Application of a numerical model for simulating water flow, isotope transport, and heat transfer in the unsaturated zone[J]. Journal of

Hydrology, 171(1-2): 143-163.

SIEGERT C M, LEVIA D F, HUDSON S A, *et al.*, 2016. Small-scale topographic variability influences tree species distribution and canopy throughfall partitioning in a temperate deciduous forest[J]. Forest Ecology and Management, 359: 109-117.

SILVERTOWN J, ARAYA Y, GOWING D, *et al.*, 2015. Hydrological niches in terrestrial plant communities: a review[J]. Journal of Ecology, 103(1): 93-108.

ŠÍPEK V, HNILICA J, VLČEK L, *et al.*, 2020. Influence of vegetation type and soil properties on soil water dynamics in the Šumava Mountains (Southern Bohemia)[J]. Journal of Hydrology, 582: 124258.

SOBRADO M A, EHLERINGER J R, 1997. Leaf carbon isotope ratios from a tropical dry forest in Venezuela[J]. Flora, 192(2): 121-124.

SONG L, YANG B, LIU L, *et al.*, 2022. Spatial-temporal differentiations in water use of coexisting trees from a subtropical evergreen broadleaved forest in Southwest China[J]. Agricultural and Forest Meteorology, 316: 108862.

SONG X, LYU S, WEN X, 2020. Limitation of soil moisture on the response of transpiration to vapor pressure deficit in a subtropical coniferous plantation subjected to seasonal drought[J]. Journal of Hydrology, 591: 125301.

SONG X, WANG P, YU J, *et al.*, 2011. Relationships between precipitation, soil water and groundwater at Chongling catchment with the typical vegetation cover in the Taihang mountainous region, China[J]. Environmental Earth Sciences, 62(4): 787-796.

SONG X, WANG S, XIAO G, *et al.*, 2009. A study of soil water movement combining soil water potential with stable isotopes at two sites of shallow groundwater areas in the North China Plain[J]. Hydrological Processes, 23(9): 1376-1388.

STOKES V J, MORECROFT M D, MORISON J I L, 2010. Comparison of leaf water use efficiency of oak and sycamore in the canopy over two growing seasons[J]. Trees, 24(2): 297-306.

SU B, SHANGGUAN Z, 2020. Patterns and driving factors of water and nitrogen use efficiency in *Robinia pseudoacacia* L. on the Loess Plateau in China[J]. Catena, 195: 104790.

SUN D, YANG H, GUAN D, *et al.*, 2018. The effects of land use change on soil infiltration capacity in China: A meta-analysis[J]. Science of Total Environment, 626: 1394-1401.

SUN G, LIU Y, 2013. Forest influences on climate and water resources at the landscape to regional scale[M]// Landscape Ecology for Sustainable Environment and Culture. Dordrecht: Springer: 309-334.

SUN L, YANG L, CHEN L, *et al.*, 2019. Tracing the soil water response to autumn rainfall in different land uses at multi-day timescale in a subtropical zone[J]. Catena, 180: 355-364.

TAGUE C L, MORITZ M, HANAN E, 2019. The changing water cycle: The eco - hydrologic impacts of forest density reduction in Mediterranean (seasonally dry) regions[J]. Wiley Interdisciplinary Reviews: Water, 6(4): e1350.

TAN M, 2014. Circulation effect: Response of precipitation δ^{18}O to the ENSO cycle in monsoon regions of China[J]. Climate Dynamics, 42: 1067-1077.

TANG Y, SONG X, ZHANG Y, *et al.*, 2017. Using stable isotopes to understand seasonal and interannual dynamics in moisture sources and atmospheric circulation in precipitation[J]. Hydrological Processes, 31(26): 4682–4692.

TANG Y, WEN X, SUN X, *et al.*, 2014. The limiting effect of deep soil water on evapotranspiration of a subtropical coniferous plantation subjected to seasonal drought[J]. Advances in Atmospheric Sciences, 31(2): 385–395.

TARIN T, NOLAN R H, MEDLYN B E, *et al.*, 2020. Water–use efficiency in a semi–arid woodland with high rainfall variability[J]. Global Change Biology, 26(2): 496–508.

TATENO R, TANIGUCHI T, ZHANG J, *et al.*, 2017. Net primary production, nitrogen cycling, biomass allocation, and resource use efficiency along a topographical soil water and nitrogen gradient in a semi–arid forest near an arid boundary[J]. Plant and Soil, 420: 209–222.

THOMAS A, MARRON N, BONAL D, *et al.*, 2022. Leaf and tree water–use efficiencies of *Populus deltoides* × *P. nigra* in mixed forest and agroforestry plantations[J]. Tree Physiology, 42(12): 2432–2445.

THOMPSON L G, YAO T, MOSLEY–THOMPSON E, *et al.*, 2000. A high–resolution millennial record of the South Asian monsoon from Himalayan ice cores[J]. Science, 289(5486): 1916–1919.

TRENBERTH K E, 2011. Changes in precipitation with climate change[J]. Climate Research, 47(1): 123–138.

UDAWATTA R P, ANDERSON S H, 2008. CT–measured pore characteristics of surface and subsurface soils influenced by agroforestry and grass buffers[J]. Geoderma, 145(3–4): 381–389.

VALENTINI R, ANFODILLO T, EHLERINGER J, 1994. Water sources and carbon isotope composition (δ^{13}C) of selected tree species of the Italian Alps[J]. Canadian Journal of Forest Research, 24(8): 1575–1578.

VALLADARES F, GIANOLI E, GÓMEZ J, 2007. Ecological limits to plant phenotypic plasticity[J]. New Phytologist, 176(4): 749–763.

VEREECKEN H, KASTEEL R, VANDERBORGHT J, *et al.*, 2007. Upscaling hydraulic properties and soil water flow processes in heterogeneous soils[J]. Vadose Zone Journal, 6(1): 1–28.

VITORIA A P, VIEIRA T, CAMARGO P, *et al.*, 2016. Using leaf δ^{13}C and photosynthetic parameters to understand acclimation to irradiance and leaf age effects during tropical forest regeneration[J]. Forest Ecology and Management, 379: 50–60.

VOLKMANN T H, HABERER K, GESSLER A, *et al.*, 2016. High–resolution isotope measurements resolve rapid ecohydrological dynamics at the soil–plant interface[J]. New Phytologist, 210(3): 839–849.

VOLTAS J, LUCABAUGH D, CHAMBEL M R, *et al.*, 2015. Intraspecific variation in the use of water sources by the circum–Mediterranean conifer *Pinus halepensis*[J]. New Phytologist, 208(4): 1031–1041.

WAN H, LIU W, 2016. An isotope study (δ^{18}O and δD) of water movements on the Loess Plateau of China in arid and semiarid climates[J]. Ecological Engineering, 93: 226–233.

WANG A, DIAO Y, PEI T, *et al.*, 2007. A semi - theoretical model of canopy rainfall interception for a broad-leaved tree[J]. Hydrological Processes, 21(18): 2458-2463.

WANG B, VERHEYEN K, BAETEN L, *et al.*, 2020c. Herb litter mediates tree litter decomposition and soil fauna composition[J]. Soil Biology and Biochemistry, 152(1): 108063.

WANG B, ZHANG G, DUAN J, 2015. Relationship between topography and the distribution of understory vegetation in a *Pinus massoniana* forest in Southern China[J]. International Soil and Water Conservation Research, 3(4): 291-304.

WANG C, FU B, ZHANG L, *et al.*, 2019. Soil moisture-plant interactions: an ecohydrological review[J]. Journal of Soil and Sediments, 19(1): 1-9.

WANG J, FENG L, PALMER P I, *et al.*, 2020a. Large Chinese land carbon sink estimated from atmospheric carbon dioxide data[J]. Nature, 586(7831): 720-723.

WANG J, FU B, LU N, *et al.*, 2017a. Seasonal variation in water uptake patterns of three plant species based on stable isotopes in the semi-arid Loess Plateau[J]. Science of the Total Environment, 609: 27-37.

WANG J, FU B, WANG L, *et al.*, 2020b. Water use characteristics of the common tree species in different plantation types in the Loess Plateau of China[J]. Agricultural and Forest Meteorology: 108020.

WANG Q, WANG S, FAN B, *et al.*, 2007. Litter production, leaf litter decomposition and nutrient return in *Cunninghamia lanceolata* plantations in south China: effect of planting conifers with broadleaved species[J]. Plant and Soil, 297(1-2): 201-211.

WANG Q, WANG S, HUANG Y, 2008. Comparisons of litterfall, litter decomposition and nutrient return in a monoculture *Cunninghamia lanceolata* and a mixed stand in southern China[J]. Forest Ecology and Management, 255(3-4): 1210-1218.

WANG Q, WANG S, ZHANG J, 2009. Assessing the effects of vegetation types on carbon storage fifteen years after reforestation on a Chinese fir site[J]. Forest Ecology and Management, 258(7): 1437-1441.

WANG Q, YU Y, HE T, *et al.*, 2017b. Aboveground and belowground litter have equal contributions to soil CO_2 emission: an evidence from a 4-year measurement in a subtropical forest[J]. Plant and Soil, 421: 7-17.

WANG Q K, WANG S L, 2008. Soil microbial properties and nutrients in pure and mixed Chinese fir plantations[J]. Journal of Forestry Research, 19: 131-135.

WANG Q K, WANG S.L, HE T, *et al.*, 2014. Response of organic carbon mineralization and microbial community to leaf litter and nutrient additions in subtropical forest soils[J]. Soil Biology and Biochemistry, 71: 13-20.

WANG S, ZHANG M, CRAWFORD J, *et al.*, 2017c. The effect of moisture source and synoptic conditions on precipitation isotopes in arid central Asia[J]. Journal of Geophysical Research: Atmospheres, 122(5): 2667-2682.

WANG T, XU Q, ZHANG B, *et al.*, 2022. Effects of understory removal and thinning on water uptake patterns in *Pinus massoniana* Lamb. plantations: evidence from stable isotope analysis[J]. Forest Ecology and Management, 503: 119755.

WANG Z, HE G, HOU Z, *et al.*, 2021. Soil C: N: P stoichiometry of typical coniferous (*Cunninghamia lanceolata*) and/or evergreen broadleaved (*Phoebe bournei*) plantations in south China[J]. Forest Ecology and Management, 486: 118974.

WEST A G, HULTINE K R, BURTCH K G, *et al.*, 2007. Seasonal variations in moisture use in a pinon-juniper woodland[J]. Oecologia, 153: 787-798.

WEST A G, PATRICKSON S J, EHLERINGER J R, 2010. Water extraction times for plant and soil materials used in stable isotope analysis[J]. Rapid Communications in Mass Spectrometry, 20(8): 1317-1321.

WESTERN A W, GRAYSON R B, BLSCHL G, 2002. Scaling of soil moisture: A hydrologic perspective[J]. Annual Review of Earth and Planetary Sciences, 30(1): 149-180.

WHITE J W C, COOK E R, LAWRENCE J R, *et al.*, 1985. The DH ratios of sap in trees: Implications for water sources and tree ring DH ratios[J]. Geochimica et Cosmochimica Acta, 49(1): 237-246.

WILLIAMS D G, EHLERINGER J R, 2000. Intra-and interspecific variation for summer precipitation use in pinyon-juniper woodlands[J]. Ecological Monographs, 70(4): 517-537.

WRIGHT W E, LONG A, COMRIE A C, *et al.*, 2001. Monsoonal moisture sources revealed using temperature, precipitation, and precipitation stable isotope timeseries[J]. Geophysical Research Letters, 28(5): 787-790.

WU G, YANG Z, CUI Z, *et al.*, 2016. Mixed artificial grasslands with more roots improved mine soil infiltration capacity[J]. Journal of Hydrology, 535: 54-60.

WU H, ZHANG X, LI G, *et al.*, 2015. Seasonal variations of deuterium and oxygen-18 isotopes and their response to moisture source for precipitation events in the subtropical monsoon region[J]. Hydrological Processes, 29(1): 90-102.

XIA J, ZHANG Y, MU X, *et al.*, 2021. A review of the ecohydrology discipline: Progress, challenges, and future directions in China[J]. Journal of Geographical Sciences, 31(8): 1085-1101.

XIA L, SONG X, FU N, *et al.*, 2019. Effects of forest litter cover on hydrological response of hillslopes in the Loess Plateau of China[J]. Catena, 181: 104076.

XIE L, WEI G, DENG W, *et al.*, 2011. Daily δ^{18}O and δD of precipitations from 2007 to 2009 in Guangzhou, South China: Implications for changes of moisture sources[J]. Journal of Hydrology, 400(3-4): 477-489.

XU G, LI Y, 2008. Rooting depth and leaf hydraulic conductance in the xeric tree *Haloxyolon ammodendron* growing at sites of contrasting soil texture[J]. Functional Plant Biology, 35(12): 1234-1242.

XU H, CAO D, FENG J, *et al.*, 2016. Transcriptional regulation of vascular cambium activity during the transition from juvenile to mature stages in *Cunninghamia lanceolata*[J]. Journal of Plant Physiology, 200: 7-17.

XU J, 2011. China's new forests aren't a green as they seem[J]. Nature, 477(7365): 371.

XU Q, LIU S, WAN X, *et al.*, 2012. Effects of rainfall on soil moisture and water movement in a subalpine dark coniferous forest in southwestern China[J]. Hydrological Processes, 26(25): 3800–3809.

XU X, SUN Y, SUN J, *et al.*, 2020. Cellulose dominantly affects soil fauna in the decomposition of forest litter: A meta-analysis[J]. Geoderma, 378: 114620.

YANG B, WEN X, SUN X, 2015a. Seasonal variations in depth of water uptake for a subtropical coniferous plantation subjected to drought in an East Asian monsoon region[J]. Agricultural and Forest Meteorology, 201: 218–228.

YANG F, FENG Z, WANG H, *et al.*, 2017. Deep soil water extraction helps to drought avoidance but shallow soil water uptake during dry season controls the inter-annual variation in tree growth in four subtropical plantations[J]. Agricultural and Forest Meteorology, 234–235: 106–114.

YANG M, GAO X, WANG S, *et al.*, 2022a. Quantifying the importance of deep root water uptake for apple trees' hydrological and physiological performance in drylands[J]. Journal of Hydrology, 606: 127471.

YANG Q, LIU L, ZHANG W, *et al.*, 2015b. Different responses of stem and soil CO_2 efflux to pruning in a Chinese fir (*Cunninghamia lanceolata*) plantation[J]. Trees, 29(4): 1207–1218.

YANG Y, FU B, 2017. Soil water migration in the unsaturated zone of semiarid region in China from isotope evidence[J]. Hydrology and Earth System Sciences, 21(3): 1–24.

YANG Y, GOU R, ZHAO J, *et al.*, 2022b. Variation in carbon isotope composition of plants across an aridity gradient on the Loess Plateau, China[J]. Global Ecology and Conservation, 33: e01948.

YU X, HUANG Y, LI E, *et al.*, 2018. Effects of rainfall and vegetation to soil water input and output processes in the Mu Us Sandy Land, northwest China[J]. Catena, 161: 96–103.

ZEMA D A, STAN J, PLAZA-ALVAREZ P, *et al.*, 2021. Effects of stand composition and soil properties on water repellency and hydraulic conductivity in Mediterranean forests[J]. Ecohydrology, 14(3): e2276.

ZHANG B, XU Q, GAO D, *et al.*, 2020b. Altered water uptake patterns of *Populus deltoides* in mixed riparian forest stands[J]. Science of the Total Environment, 706: 135956.

ZHANG B, XU Q, GAO D, *et al.*, 2022a. Ecohydrological separation between tree xylem water and groundwater: Insights from two types of forests in subtropical China[J]. Plant and Soil, 1–11.

ZHANG B, XU Q, GAO D, *et al.*, 2019b. Higher soil capacity of intercepting heavy rainfall in mixed stands than in pure stands in riparian forests[J]. Science of the Total Environment, 658: 1514–1522.

ZHANG B, XU Q, GAO D, *et al.*, 2021. Soil capacity of intercepting different rainfalls across subtropical plantation: Distinct effects of plant and soil properties[J]. Science of the Total Environment, 784: 147120.

ZHANG J, ZHANG J, YANG L, 2020a. A long-term effect of *Larix* monocultures on soil physicochemical properties and microbes in northeast China[J]. European Journal of Soil Biology, 96: 103149.

ZHANG M, WANG S, 2016. A review of precipitation isotope studies in China:Basic pattern and hydrological process[J]. Journal of Geographical Sciences, 26(7): 921–938.

ZHANG Q, ZHOU J, LI X, *et al.*, 2019a. Are the combined effects of warming and drought on foliar C: N: P: K stoichiometry in a subtropical forest greater than their individual effects?[J]. Forest Ecology and Management, 448: 256–266.

ZHANG R, WANG D, YANG Z, *et al.*, 2021. Changes in rainfall partitioning and its effect on soil water replenishment after the conversion of croplands into apple orchards on the Loess Plateau[J]. Agriculture, Ecosystems and Environment, 312: 107342.

ZHANG Y, CRISTIANO P, ZHANG Y, *et al.*, 2016. Carbon economy of subtropical forests[J]. Tropical Tree Physiology: Adaptations and Responses in a Changing Environment, 6: 337–355.

ZHANG Y, XU Q, ZHANG B, *et al.*, 2022b. Contrasting water–use patterns of Chinese fir among different plantation types in a subtropical region of China[J]. Frontiers in Plant Science, 13: 946508.

ZHAO P, TANG X, ZHAO P, *et al.*, 2016. Mixing of event and pre - event water in a shallow Entisol in sloping farmland based on isotopic and hydrometric measurements, SW China[J]. Hydrological Processes, 30(19): 3478–3493.

ZHAO Y, WANG L, KNIGHTON J, *et al.*, 2021. Contrasting adaptive strategies by *Caragana korshinskii* and *Salix psammophila* in a semiarid revegetated ecosystem[J]. Agricultural and Forest Meteorology, 300: 108323.

ZHENG H, GAO J, TENG Y, *et al.*, 2015. Temporal variations in soil moisture for three typical vegetation types in Inner Mongolia, Northern China[J]. PLoS One, 10(3): e0118964.

ZHENG S, SHANGGUAN Z, 2007. Spatial patterns of foliar stable carbon isotope compositions of C_3 plant species in the Loess Plateau of China[J]. Ecological Research, 22(2): 342–353.

ZHOU G, PENG C, LI Y, *et al.*, 2013. A climate change–induced threat to the ecological resilience of a subtropical monsoon evergreen broad–leaved forest in Southern China[J]. Global Change Biology, 19(4): 1197–1210.

ZHOU L, SUN Y, SAEED S, *et al.*, 2020. The difference of soil properties between pure and mixed Chinese fir (*Cunninghamia lanceolata*) plantations depends on tree species[J]. Global Ecology and Conservation, 22: e01009.

ZHU H, WANG G, YINGLAN A, *et al.*, 2020. Ecohydrological effects of litter cover on the hillslope–scale infiltration–runoff patterns for layered soil in forest ecosystem[J]. Ecological Engineering, 155: 105930.

ZIMMERMANN U, MÜNNICH K, ROETHER W, *et al.*, 1966. Tracers determine movement of soil moisture and evapotranspiration[J]. Science, 152(3720): 346–347.